岩土工程典型案例剖析专辑

尹传忠

湖南大学出版社

·长沙·

图书在版编目（CIP）数据

岩土工程典型案例剖析专辑/尹传忠主编. —长沙：湖南大学出版社，2023. 5

ISBN 978-7-5667-2897-5

Ⅰ. ①岩… Ⅱ. ①尹… Ⅲ. ①岩土工程—案例—中国 Ⅳ. ①TU4

中国国家版本馆 CIP 数据核字（2023）第 053770 号

岩土工程典型案例剖析专辑

YANTU GONGCHENG DIANXING ANLI POUXI ZHUANJI

主　　编：尹传忠
责任编辑：张建平
印　　装：长沙创峰印务有限公司
开　　本：787 mm×1092 mm　1/16　　印　　张：11.5　　字　　数：252 千字
版　　次：2023 年 5 月第 1 版　　印　　次：2023 年 5 月第 1 次印刷
书　　号：ISBN 978-7-5667-2897-5
定　　价：48.00 元

出 版 人：李文邦
出版发行：湖南大学出版社
社　　址：湖南・长沙・岳麓山　　邮　　编：410082
电　　话：0731-88822559（营销部），88821327（编辑室），88821006（出版部）
传　　真：0731-88822264（总编室）
网　　址：http://www.hnupress.com
电子邮箱：158854174@qq.com

岩土工程典型案例剖析专辑

前　言

中国有色金属长沙勘察设计研究院有限公司（简称“长勘院”）成立于1964年4月，现隶属于中国铝业集团有限公司。长勘院是国家住房和城乡建设部审定的综合类甲级勘察设计单位。业务涵盖测绘工程、岩土工程（勘察、设计、治理、监测、监理）、地基与基础工程（桩基础施工、地基处理、基坑支护、边坡与滑坡治理）、固体矿产勘查、地质灾害（危险性评估、勘查、设计、施工）、工程安全监测、三维地理信息系统、矿山环境生态修复、建筑工程设计、工程建设监理、环境评价咨询、岩土建材试验、水质分析等领域。多次被评为“全国工程勘察先进单位”“全国优秀勘察设计企业”“全国测绘质量优秀单位”和“中国勘察设计综合实力百强单位”，连续多年荣获省市“重合同守信用企业”称号。

截至2021年底，长勘院员工599人，其中国家勘察大师1人，行业勘察大师5人，省级勘察大师1人，享受国务院特殊津贴专家6人，高级及以上职称115人，拥有国家各类注册执业资格207人次。荣获国家及省部级科技进步奖和优秀工程勘察设计奖345项，其中国家级优秀工程勘察金质奖5项、银质奖4项、铜质奖5项，国家和省部级科技进步奖31项，申请专利133件，有效授予专利83件，其中发明专利31件，主（参）编国家、行业及地方规范近40种，为国内外的工程建设及推动行业科技进步做出了重要贡献。

长勘院先后承担过张家界观光电梯全天候自动化监测，德兴铜矿，东南铜业，贵溪冶炼厂，上海宝钢，新余钢厂，平果铝厂，京珠高速公路，沪昆高速铁路，粤港澳大桥，深圳平安大厦，广州、深圳、南宁、长沙等地地铁和城际轻轨等国内一大批有色、冶金、交通、电力、通信和其他系统大中型厂矿以及地方城市基础设施和民用建筑等各类工程项目的测量、勘察、设计与施工任务。

随着时间的推移，很多有特色的项目被遗忘在档案库房里，没有为后来者起到很好的借鉴作用。2022年春由于新冠肺炎影响，我们这些户外工作者有了更多的室内工作时间，此时公司希望技术人员趁着这段时间对以往特殊项目做一个总结，一是技术练兵，二是减少珠玉蒙尘。

本书编制组计划以长勘院完成的项目为主体，按工程项目实施时间从近到远的顺序编制岩土工程典型案例剖析专辑，本书为第一辑，包括岩土工程勘察项目 8 项，岩土工程设计项目 5 项，岩土工程施工项目 3 项，岩土工程监测项目 1 项，重点阐述工程特点与难点及解决措施，注重工程实用性，希望本书的出版能为岩土工程从业者提供帮助！

由于时间与水平有限，书中难免有不足之处，敬请读者不吝指正！

本书编制组

2022 年 4 月

目　录

第1编　岩土工程勘察

(共8篇)

深圳平安金融中心岩土工程勘察

康巨人，张栋材，尹传忠

【内容提要】深圳平安金融中心结构体系非常复杂，是深圳的最高楼宇，塔楼高度588 m，塔顶高度660 m，地上115层，地下5层，裙房建筑高度≤52 m，地上8层，塔楼和裙楼高度相差巨大，塔楼基础要求高，塔楼和裙楼的差异沉降要求严，对沉降变形敏感；场地工程地质与水文地质条件复杂。本项目勘察采用综合勘察、场地评价、地基分析、岩土计算、设计优化、施工验槽、检测监控勘察技术体系，成功解决了场地和地基的稳定性、地基的均匀性、基础型式和持力层的选择、不同岩土体和岩石风化程度的界面划分和承载力的确定、基坑开挖和支护参数、水文地质条件对基坑和桩基施工的影响等关键技术问题。

1 工程概况

1.1 工程简介

本项目场地位于深圳市福田中心区，拟建建筑物塔楼高度588 m（按单塔115层考虑），裙房建筑高度≤52 m（共8层）；本项目总用地面积为18931.74 m^2，总建筑面积460665.0 m^2，建筑基底面积为12305.63 m^2；采用结构形式为带外伸臂的混合结构，其中塔楼标准层将采用钢筋混凝土—短板钢楼承板组合楼板设计。塔楼的荷载通过核心筒、8根超级柱及周边的钢管柱传至地基；裙楼采用剪力墙加框架结构。建筑物设计使用年限为50年。设5层地下室，基底埋置深度为27.94 m（地下室底板厚按1.50 m考虑，其基坑开挖深度预计为29.44 m）；建筑物设计±0.000 m为绝对标高+7.300 m。

1.2 工程项目特点

（1）深圳已建的最高楼宇，塔楼和裙楼高度相差巨大，塔楼基础要求高，塔楼和裙楼的差异沉降要求严。

（2）地下室有5层，为深圳市已建最深的地下室，埋深大，基坑开挖与支护难度大。

（3）基坑开挖深度大，基础施工难度大。

（4）场地环境条件十分复杂：地下有地铁1号线、3号线，广深港城际高铁，周边建筑物密集，地下管线众多。场地勘察、基坑和基础施工对环境保护要求高。

1.3 主要工程问题和技术难点

（1）为满足塔楼、裙楼和地下室基坑的设计要求，准确提供场地岩土设计参数是本次勘察的主要问题和技术难点。

（2）场地工程地质条件复杂，地层种类多，不同岩土体和岩石风化程度的界面划分和承载力的确定是本次勘察的主要问题和技术难点。

（3）对场地和地基的稳定性、地基的均匀性、基础型式和持力层的选择、基坑开挖和支护等的综合分析和评价，是保证建筑物使用安全、节约投资、加快进度的重要环节。因此综合分析和评价是本次勘察的主要问题和技术难点。

（4）场地的水文地质条件对基坑和桩基施工影响巨大。准确查明场地水文地质情况是本次勘察的主要问题和技术难点。

（5）场地环境条件十分复杂，野外勘探施工难度大，施工安全风险大，环境保护要求高。安全生产、文明施工是本次勘察的主要工程问题。

2 岩土工程条件

2.1 场地周边环境条件

本项目拟建场地位于深圳市福田中心区福华路南侧，益田路西侧，宗地号为B116-0040，地理位置为（北纬22°32.141′，东经114°03.030′）。本项目东边的益田路是福田区的一条主干道路；南北分别是福华路与福华三路，均为次干道；西侧为城市支路中心二路，中心二路西侧是大型购物广场COCO PARK。地下有地铁1号线和3号线及广深港城际高铁在场地附近通过。四周均为居民区或写字楼办公区，场地四侧均是交通要道，且北侧紧邻地铁1号线购物公园站，场地周边存在给水、污水、雨水、电力及电信和煤气等地下管道。场地环境条件十分复杂（图1）。

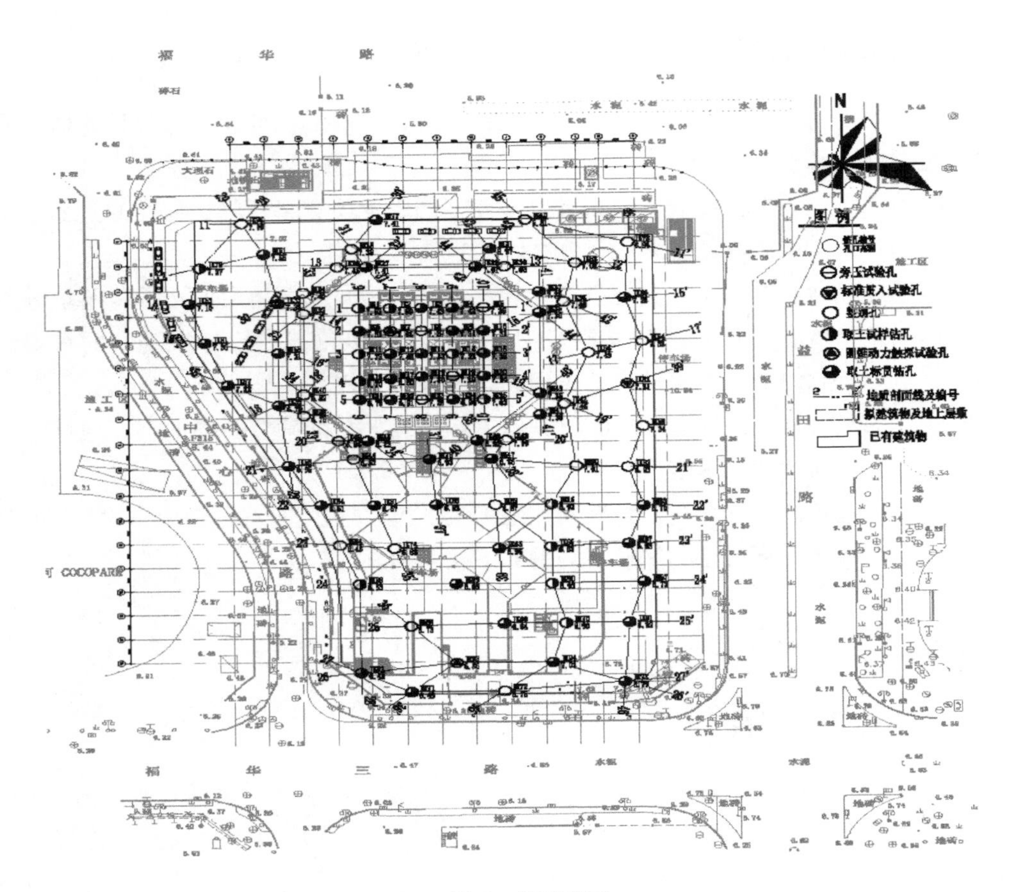

图 1　总平面图

2.2　场地工程地质条件

根据钻探揭露，场地内分布的地层主要有人工填土层、第四系全新统冲积层、上更新统冲洪积层及中更新统残积层，下伏基岩为燕山晚期花岗岩。其野外特征按自上而下的顺序描述如下。

(1) 人工填土层（Q^{ml}）①：主要属杂填土。褐灰、褐红等色，层厚 2.10～8.80 m，平均厚度 3.76 m。

(2) 第四系全新统冲积层（Q_4^{al}）含有机质粉质黏土②：褐灰色，含少量有机质，层厚 0.60～2.20 m，平均厚度 1.32 m。

(3) 第四系上更新统冲洪积层（Q_3^{al+pl}）由黏土、中粗砂、粉细砂、粉质黏土、含有机质粉质黏土、粗砾砂等 6 层构成。

①黏土③-1：褐黄、浅灰、褐红色，层厚 0.40～5.60 m，平均厚度 2.28 m。

②中粗砂③-2：褐黄、灰白色，层厚 0.50～4.10 m，平均厚度 1.91 m。

③粉细砂③-3：浅灰色，层厚 0.50～2.30 m，平均厚度 1.04 m。

④粉质黏土③-4：褐黄、褐红色，杂灰白色斑纹，具网纹结构，层厚 0.50～5.80 m，平均厚度 2.19 m。

⑤含有机质粉质黏土③-5：褐灰、深灰色，含少量有机质，层厚 0.50～4.30 m，平均厚度 1.16 m。

⑥粗砾砂③-6：灰白、浅黄色，层厚 0.50～5.00 m，平均厚度 1.90 m。

（4）第四系中更新统残积（Q_2^{el}）砾质黏性土④：浅灰、肉红色，系由花岗岩风化残积而成，层厚 1.70～12.40 m，平均厚度 6.52 m。

（5）燕山晚期花岗岩（r_5^{3-1}）：肉红、浅灰、灰绿色，风化后呈褐红、灰黄色，主要由长石、石英及黑云母等矿物组成，含少量其他暗色蚀变矿物。粗粒结构，致密块状构造。受构造影响，节理裂隙较发育，倾角介于 40°～85°，多呈“X”状或一组间距大致相等的平行状，平直光滑、闭合、无充填或充填石英，节理裂隙面局部可见擦痕、绿泥石化或浸染暗褐色铁质氧化物。局部见绿泥石化、绿帘石化等蚀变现象，并见石英脉及其他岩脉穿插。

①全风化花岗岩⑤-1：褐黄、褐红、灰黄色，标准贯入试验修正后锤击数一般介于 30～40 击，层厚 0.80～10.90 m，平均厚度 4.43 m。

②全风化花岗岩⑤-2：褐黄、灰黄色，标准贯入试验修正后锤击数一般介于 40～50 击，层厚 1.10～11.40 m，平均厚度 4.58 m。

③强风化花岗岩⑥-1：褐黄、灰黄色，标准贯入试验修正后锤击数＞50 击，层厚 2.90～26.20 m，平均厚度 13.66 m。

④强风化花岗岩⑥-2：褐黄、灰黄色，标准贯入试验反弹，层厚 1.00～19.90 m，平均厚度 5.59 m。

⑤中风化花岗岩⑦-1：肉红、灰白色，节理裂隙发育，倾角介于 40°～85°，多呈“X”状，平直光滑、闭合或微张、无充填或充填石英，节理裂隙面局部可见擦痕、绿泥石化。节理裂隙面浸染暗褐色铁质氧化物，沿节理裂隙表面厚 2～10 mm 风化较强烈。属较硬岩，岩体破碎，岩体基本质量等级属Ⅳ级。

⑥中风化花岗岩⑦-2：肉红、灰白色，节理裂隙较发育，倾角介于 40°～80°，多呈一组间距大致相等的平行状或“X”状，平直光滑、闭合或微张、无充填或充填石英，节理裂隙面局部可见擦痕、绿泥石化。节理裂隙面浸染暗褐色铁质氧化物，沿节理裂隙表面厚 2～5 mm，风化较强烈。属较硬岩，岩体较破碎，岩体基本质量等级属Ⅳ级。层厚 0.60～17.90 m。

⑦微风化花岗岩⑧-1：肉红色为主、夹灰白色，节理裂隙较发育，倾角介于 40°～80°，多呈一组间距大致相等的平行状或“X”状，平直光滑、闭合或微张、无充填或充填石英，节理裂隙面局部可见擦痕、绿泥石化。除节理裂隙面偶见铁质氧化物浸染外，无其他明显的风化迹象。质坚硬，较脆，属坚硬岩，岩体较破碎，岩体基本质量等级属Ⅲ级。层厚不详。

⑧微风化花岗岩⑧-2：灰白色为主、夹肉红色，节理裂隙稍发育～不发育，倾角介于55°～90°，多呈组间距大致相等的平行状，平直光滑、闭合、无充填。除沿节理面偶见铁质氧化物浸染，无其他明显的风化迹象。属坚硬岩，岩体较完整，岩体基本质、等级属Ⅱ级。层厚不详。

典型工程地质剖面详见图 2。

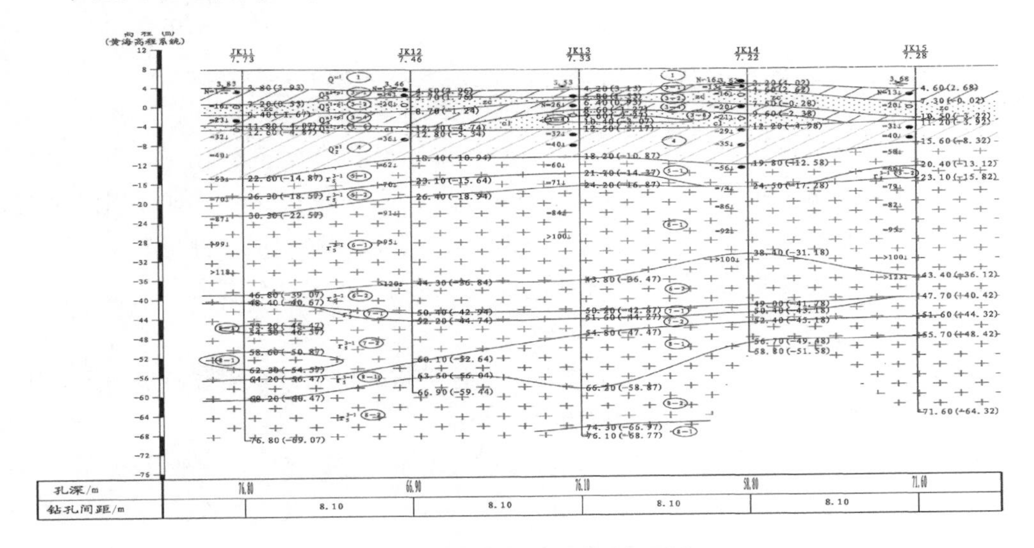

图 2　典型工程地质剖面图

2.3　场地水文地质条件

拟建场地位于深圳湾东北部，场地地势平坦，雨季时，场地内积水通过分散汇集后流入场地市政雨水管道中，并最终注入深圳湾。

地下水赋存、运移于人工填土、第四系冲洪积中粗砂③-2、粉细砂③-3、粗砾砂③-6 层、残积层及花岗岩各风化带的孔隙、裂隙中，地下水类型属潜水。场地中中粗砂③-2、粉细砂③-3、粗砾砂③-6 为本地区主要的透水性地层，赋存较丰富的地下水，是场地内地下水运移的主要通道。花岗岩各风化带内所赋存的地下水属基岩裂隙水，受节理裂隙控制，未形成连续、稳定的水位面。场地内中粗砂③-2、粉细砂③-3、粗砾砂③-6 属强透水地层，人工填土①属中等透水地层，其他各地层均属弱透水～微透水性地层。

地下水初见水位埋深为 2.20～4.70 m，相当于标高 2.26～4.77 m；潜水稳定水位埋深为 2.80～4.90 m，相当于标高 2.12～3.81 m。潜水主要依靠大气降水和地表水体入渗补给，水位具有明显的丰、枯水期变化，受季节影响明显。地下水丰水期水位上升，枯水期水位下降。高水位期出现在雨季后期的 9 月份，低水位期出现在干旱少雨的 4～5 月份。根据区域水文地质调查结果及场地的地形条件，场地多年地下水稳定水位变化幅度可按 0.50～2.00 m 考虑。

地下室范围内场地环境类型为Ⅰ类，基础场地环境类型为Ⅱ类。根据水质分析结果，地下水水质对混凝土结构无腐蚀性，对钢筋混凝土结构中的钢筋无腐蚀性，对钢结构和钢管道具弱腐蚀性。

由于深圳市地处亚热带地区，雨水充沛，地下水埋深较浅，土壤经过雨水和地下水的充分淋溶作用，土壤中基本无可溶盐存在，且场地未受污染，地下水的腐蚀性基本上可代表土的腐蚀性，故本次勘察未取土样做腐蚀性分析试验，场地土的腐蚀性可按地下水的腐蚀性考虑。

3 岩土工程分析与评价

3.1 空岩土物理力学性质统计分析

本项目工程勘察进行了大量的原位测试和室内试验，根据试验结果，场地各岩土层的物理力学性质指标如表1、表2。

表1 场地岩土物理力学性质指标一览表1

岩土名称	天然含水率 w_0/%	天然密度 ρ_0/（g/cm³）	孔隙比 e_0	液性指数 I_L	压缩系数 $a_{v100\text{-}200}$/MPa^{-1}	压缩模量 E_s/MPa	先期固结压力 P_c/kPa	压缩指数 C_c	回弹指数 C_s
人工填土①	24.5	1.90	0.751	0.03	0.3	6.1	—	—	—
含有机质粉质黏土②	18.9	1.83	0.882	0.71	0.39	5.1	82	0.386	0.125
黏土③-1	27.1	1.91	0.788	0.12	0.32	6.1	171	0.166	0.018
中粗砂③-2	—	1.95	—	—	—	—	—	—	—
粉细砂③-3	—	1.90	—	—	—	—	—	—	—
粉质黏土③-4	25.0	1.93	0.734	0.2	0.29	6.2	163	0.167	0.019
含有机质粉质黏土③-5	31.9	1.84	0.907	0.69	0.43	5.1	117	0.183	0.02
粗砾砂③-6	—	1.95	—	—	—	—	—	—	—

续表

岩土名称	天然含水率 w_0/%	天然密度 ρ_0/(g/cm^3)	孔隙比 e_0	液性指数 I_L	压缩系数 $a_{v100\text{-}200}$/MPa^{-1}	压缩模量 E_s/MPa	先期固结压力 P_c/kPa	压缩指数 C_c	回弹指数 C_s
砾质黏性土④	27.3	1.83	0.854	0.08	0.39	5.0	174	0.224	0.026
全风化花岗岩⑤-1	21.7	1.94	0.675	0.05	0.30	5.9	271	0.303	0.024
全风化花岗岩⑤-2	19.7	1.96	0.632	0.01	0.24	7.1	314	0.328	0.025
强风化花岗岩⑥-1	—	2.05	—	—	—	—	—	—	—
强风化花岗岩⑥-2	—	2.10	—	—	—	—	—	—	—
中风化花岗岩⑦-1	—	2.56	—	—	—	—	—	—	—
中风化花岗岩⑦-2	—	2.55	—	—	—	—	—	—	—
微风化花岗岩⑧-1	—	2.64	—	—	—	—	—	—	—
微风化花岗岩⑧-2	—	2.67	—	—	—	—	—	—	—

表 2　场地岩土物理力学性质指标一览表 2

岩土名称	固结快剪		快剪		静止侧压力系数 K_0	泊松比 υ	标准贯入试验		旁压模量 E_m/ MPa	饱和抗压强度 /MPa	承载力特征值 /kPa
	内摩擦角 Φ/°	凝聚力 C/ kPa	内摩擦角 Φ/°	凝聚力 C/ kPa			实测击	修正击			
人工填土①	21.7	30	17.7	27	—	—	11.7	11.2	—	—	90
含有机质粉质黏土②	8.3	12	0.8	4	0.44	0.30	5.2	4.8	2.2	—	110
黏土③-1	11.1	38	6.6	32	0.49	0.33	10.2	9.2	2.7	—	180
中粗砂③-2	—	—	—	—	—	—	14.4	12.5	—	—	200
粉细砂③-3	—	—	—	—	—	—	10.8	9.0	—	—	170
粉质黏土③-4	16.1	43	11.8	31	0.4	0.28	17.4	17.4	6.4	—	220
含有机质粉质黏土③-5	10.2	22	2.2	13	0.51	0.34	7.9	7.9	—	—	120
粗砾砂③-6	—	—	—	—	—	—	20.8	16.8	—	—	—250
砾质黏性土④	24.3	30	22.6	27	0.33	0.24	29.2	21.5	14.2	—	240
全风化花岗岩⑤-1	29.6	27	24.3	23	0.31	0.23	50.5	35.5	27.0	—	300
全风化花岗岩⑤-2	29.6	24	25.4	23	0.28	0.22	65.1	45.6	34.2	—	400
强风化花岗岩⑥-1	—	—	—	—	—	—	89.8	62.8	48.9	—	650
强风化花岗岩⑥-2	—	—	—	—	—	—	—	—	82.0	—	1000
中风化花岗岩⑦-1	—	—	—	—	—	—	—	—	—	23.3	3500
中风化花岗岩⑦-2	—	—	—	—	—	—	—	—	—	33.0	4500
微风化花岗岩⑧-1	—	—	—	—	—	—	—	—	—	55.6	6500
微风化花岗岩⑧-2	—	—	—	—	—	—	—	—	—	74.2	9000

3.2 岩土性质和均匀性

（1）人工填土①分布于整个场地，厚薄不均，成分复杂，未完成自重固结，结构松散。其空间分布不均匀，土质不均匀，属欠固结土，其均匀性差。未经处理不能作为建筑物基础持力层，作为室内外地坪时应进行处理。

（2）含有机质粉质黏土②零星分布于整个场地，属软弱土层，厚度较小，强度低，压缩性高，其空间分布不均匀，土质较不均匀，属欠固结土，其均匀性差。不能作为拟建建筑物基础持力层。

（3）黏土③-1 呈湿，可塑～硬塑状态，在场地分布较广泛，其垂直分布不均匀，厚度变化较大，土质均匀性一般，其均匀性较差。具中等强度及中等压缩性，属正常固结土。埋藏较浅，不宜作为拟建建筑物天然地基基础与桩端的桩端持力层。

（4）中粗砂③-2 在场地内分布较广泛，空间分布不均匀，厚度变化大，土质不均匀，其均匀性差。是场地的强透水性地层和主要含水层。不能作为拟建建筑物天然地基持力层，亦不能作为拟建建筑物桩端持力层。

（5）粉细砂③-3 在场地内零星分布，空间分布不均匀，厚度变化大，土质不均匀，其均匀性差。是场地的强透水性地层和主要含水层。不能作为拟建建筑物天然地基持力层，亦不能作为拟建建筑物桩端持力层。

（6）粉质黏土③-4 呈湿，可塑～硬塑状态，在场地较广泛分布，其垂直分布不均匀，偶呈透镜体分布在中粗砂③-2、粗砾砂③-6 层中，土质均匀性一般，其均匀性差。具中等强度及中等压缩性，属正常固结土。埋藏较浅，厚度变化较大，不宜作为拟建建筑物天然地基基础与桩端的桩端持力层。

（7）含有机质粉质黏土③-5 零星分布于整个场地，属软弱土层，厚度较小，强度低，压缩性高，其空间分布不均匀，土质较不均匀，其均匀性差。属正常固结土，不能作为拟建建筑物基础持力层。

（8）粗砾砂③-6 具有中等强度，呈饱和，稍密～中密状态。在场地内分布较广泛，空间分布较均匀，厚度变化较大，其均匀性较差。是场地的强透水性地层和主要含水层。属良好地基土，可作为拟建建筑物裙楼的天然地基基础持力层。

（9）砾质黏性土④空间分布较均匀，土质较均匀，其均匀性较好。具中等强度及中等压缩性，属良好地基土。可作为拟建建筑物裙楼的地基持力层。

（10）全风化花岗岩⑤-1、⑤-2 空间分布较均匀，力学性质较均匀，其均匀性较好。具有较高的强度和较低变形，稳定性好。埋藏深，可作为拟建建筑物裙楼的桩端持力层。

（11）强风化花岗岩⑥-1、强风化花岗岩⑥-2：强度较高，变形性较小，埋藏较深，且起伏较大，其均匀性一般。可作为拟建建筑物裙楼的桩端持力层。

（12）中风化花岗岩⑦-1、中风化花岗岩⑦-2 为场地稳定基岩，强度较高，变形小，其均匀性一般。可作为拟建建筑物采用钻（冲）孔灌注桩、人工挖孔桩的桩端持力层。

（13）微风化花岗岩⑧-1、⑧-2为场地稳定基岩，强度高，变形小，其均匀性好。可作为拟建建筑物采用钻（冲）孔灌注桩、人工挖孔桩的桩端持力层。

3.3 地基稳定性和均匀性评价

拟建场地内未遇见埋藏的河道、沟滨、防空洞等对工程不利的埋藏物。场地内花岗岩未遇见临空面、洞穴和软弱岩层。拟建场地存在人工填土、残积土及风化岩等特殊性岩土。人工填土①在外力作用下会产生不均匀沉降，残积土及风化岩浸水后易软化、崩解，强度降低，当对场地的特殊性岩土进行妥善处理或拟建建筑物以中风化花岗岩及其以下地层作为基础持力层时，地基不会发生失稳，地基的稳定性可得到保证。

根据本次勘察结果，场地地貌为冲洪积工程地质单元，场地各岩土层的工程特性差异显著，在水平上和垂直上分布厚度变化大。当拟建建筑物采用天然地基或桩基，以强风化花岗岩或以上地层作为基础持力层时，由于强风化花岗岩以上各地层均属于中压缩性地基，持力层底面的坡度大于10%，该场地地基属不均匀地基。当拟建建筑物采用桩基础，以中风化花岗岩及以下地层作为基础持力层时，岩石可视为不可压缩性，故可视为均匀地基。

4 方案的分析与论证

4.1 基础选型分析

本项目拟建115层超高层塔楼，高588 m，设5层地下室。本场地±0.000的绝对标高为7.30 m。地下室基底埋置深度为27.94 m（相当于标高−20.64 m），考虑底板及垫层1.5 m厚度，地下室底板底绝对标高为−22.14 m，地下室底板底至各岩土层深度见表3。

表3　各岩土层顶面距基底深度一览表

地层	顶面标高/m		层厚/m		顶面距基底深度/m	
	最小值	最大值	最小值	最大值	最小值	最大值
全风化花岗岩⑤-2	−26.25	−10.32	1.10	11.40	−11.82	4.11
强风化花岗岩⑥-1	−37.15	−14.95	2.90	26.20	−7.22	15.01
强风化花岗岩⑥-2	−47.99	−23.15	1.00	19.90	1.01	25.85
中风化花岗岩⑦-1	−52.52	−30.00	0.50	12.00	7.86	30.38
中风化花岗岩⑦-2	−58.01	−29.37	0.60	17.90	7.23	35.87
微风化花岗岩⑧-1	−69.51	−32.91	0.30	19.60	10.77	47.38
微风化花岗岩⑧-2	−69.98	−30.67	0.50	20.24	8.53	47.84

从表 3 中可以看出：基坑开挖后，大部分地段基底出露燕山晚期全风化花岗岩⑤-2 和强风化花岗岩⑥-1，其残留厚度仍有 1.10～15.01 m，其下为燕山晚期花岗岩强、中、微风化各风化带。

拟建裙楼部分建筑高度≤52 m（共 8 层），基底强风化花岗岩⑥-2 和中风化花岗岩⑦-1，均属良好地基土，能满足建筑物基础所需的地基承力、变形和稳定性要求。因此，本工程裙楼可采用天然地基箱形或筏形基础，以强风化花岗岩⑥-2 及其以下地层作为基础持力层。考虑到建筑物抗浮措施，建议裙楼采用桩基础，以中风化花岗岩⑦-1 及其以下岩层作为桩端持力层。

拟建建筑物塔楼高度 588 m，根据《高层建筑箱形与筏形基础技术规范》（JGJ6）有关规定：天然地基上的箱形或筏形基础的埋深不宜小于建筑物高度的 1/15，桩箱或桩筏基础的埋置深度（不计桩长）不宜小于建筑物高度的 1/18。由于本项目地下室深度约 29.44 m，不能满足基本要求而不能采用天然地基上的箱形或筏形基础和桩箱或桩筏基础。因此，建议采用桩基础，以微风化花岗岩⑧-1 及其以下岩层作为桩端持力层。

当拟建建筑物采用桩基础，以中风化花岗岩⑦-1 及其以下岩层作为桩端持力层时，成桩方式可采用钻（冲）孔成孔、施挖成孔或人工挖孔成孔灌注桩，其优缺点如表 4。

表 4　成桩方式对比表

成桩型式	优点	缺点	造价	工期
钻孔灌注桩	（1）技术成熟，应用广泛； （2）施工安全可靠	（1）噪声大，排污量大有时难以处理； （2）质量控制难度大； （3）桩径受限制； （4）基坑内施工难度大	相对较低	最长
旋挖成孔灌注桩	（1）机械化程度比较高，施工速度较快； （2）同条件下，单桩承载力比钻孔灌注桩高； （3）噪声较小	（1）需要机械配合作业； （2）自重大，对场地要求比较高； （3）桩径受限制，入岩进度慢； （4）基坑内施工难度大	最高	一般
人工挖孔灌注桩	（1）成桩质量比较容易控制和保证； （2）桩径不受限制，且在基岩中可扩孔，承载力很大； （3）无噪音，无振动，无废泥浆排出等公害； （4）受场地限制较小	（1）地下水位以下需降水，对周边环境有一定的影响； （2）施工存在安全风险	最低	最短

考虑到塔楼荷载很大，相应的桩径亦很大，建议加强止水措施，采用人工挖孔灌注桩。

4.2 地基变形特征评价

地基变形特征可分为沉降量、沉降差、倾斜、局部倾斜。对于高层建筑，其变形应由倾斜值控制，必要时尚应控制平均沉降量。建筑物的地基变形计算值，不应大于地基变形允许值。根据《建筑地基基础设计规范》GB 50007 的规定，$H_g>100$ m 的高层建筑的整体倾斜（基础倾斜方向两端点的沉降差与其距离的比值）允许值为 0.002，平均沉降量允许值为 200 mm。

当拟建建筑采用桩基础，以中风化花岗岩或其以下地层作为桩端持力层时，为嵌岩桩。根据《建筑地基基础设计规范》GB 50007 的规定，嵌岩桩可不进行沉降验算。

塔楼与裙楼因荷载差异巨大，当建筑物采用不同类型基础或置于不同的持力层之上时，设计应进行高低层建筑差异沉降分析评价，当预测的差异沉降可能超过现行规范标准或设计的限制，为减少地基差异沉降的不利影响，建议采取以下措施：

（1）合理安排不同建筑物或建筑部分的建造顺序。

（2）设置沉降缝或施工缝（后浇带）及其位置，施工后浇带的浇注时间。

（3）在不影响建筑使用功能的条件下，适当增加裙房墙体结构。

（4）调整塔楼与裙房之间的连接刚度，或进行桩长、桩径、桩间距的优化。

（5）宜兼顾建筑基础结构抗浮问题。

4.3 基坑工程分析

拟建建筑物设 5 层地下室，基坑需支护总深度为 29.44 m（相当于标高 −22.14 m）。拟建场地东侧为益田路，是福田区的一条主干道路；南北侧分别是福华路与福华三路，均为次干道；西侧为城市支路中心二路。且场地北侧紧邻地铁 1 号线购物公园站，各道路路侧地下各类管线分布密集。本工程基坑工程安全等级为一级。本基坑开挖无放坡空间，不具备放坡开挖条件。为确保四侧市政道路、各类管线以及北侧地铁 1 号线的安全，为确保基坑开挖、地下室结构施工的顺利进行和施工安全，减少或避免对周边环境的不利影响，建议本基坑支护结构型式采用排桩加内支撑支护或地下连续墙加内支撑支护。建议基坑地下水控制采用基坑外截水和基坑内排水，必要时采用回灌的方法。基坑截水应结合支挡措施共同考虑，可采用高压旋喷注浆帷幕或咬合式排桩、地下连续墙进行止水，截水帷幕应插入相对不透水层，且入坑底深度应大于1.5 m；基坑内排（降）水可在基坑周边的坡脚处，设置排水沟、集水井，并应在基坑顶部设置截水沟，在适当位置设沉淀池。坑内地下水抽排到地面排水沟，经三级沉淀后，有组织地排入市政雨水管内。为保证基坑及周边环境的安全，保证建设工程的顺利进行，为信息化施工提供依据，为基坑周边环境中的建筑、各种设施的保护提供依据，基坑工程现场监测的对象应包括：（1）支护结构；（2）地下水状况；（3）基坑底部及周边土体；（4）周边建筑；（5）周边管线及设施；（6）周边重要的道路；（7）其他应监测的对象。基坑工程的现场监测应采用仪器监测与巡视检查相结合的方法。当监测数据达到监测报警值时，应对基坑支护结构和周边环境中的保护对象采取应急措施。

5　勘察技术创新

（1）采用综合勘察技术评价场地安全稳定性。

本工程勘察采用收集资料、地震安全性评价、钻探、取样、原位测试（标准贯入试验、圆锥动力触探试验、旁压试验、波速测试）、水文地质试验、室内试验等综合勘察方法。通过综合的勘察技术掌握第一手准确的地质资料，为后期的分析评价打下坚实的基础。

（2）技术专题研究重点解决关键技术难题。

针对本工程勘察的主要问题和技术难点，本项目勘察公司特成立了五个专题研究小组，对岩土参数、水文地质、基础选型、深基坑和安全、环保进行专题研究，解决了勘察过程中所有的主要问题和技术难点。

（3）数字化新技术全面实现勘察与分析一体化控制。

由于勘察手段多，数据处理复杂，一般的勘察信息都以文字、图纸的形式表现，不仅耗费时间和人力，而且不利于重复利用和分析处理，利用先进的数字系统技术作为支撑，使岩土工程所需的信息在计算机科学技术、图像处理技术和建模技术的基础上进行数字化处理分析，实现勘察与分析的一体化控制。

（4）地质雷达探测技术彻底查明地下埋藏物安全隐患。

由于场地内及周边地下存在较多的地下管线和地铁，这些地下埋藏物不仅给勘察和基础施工带来很大的安全隐患，而且一旦发生安全事故会带来经济、社会和环境损失。在场地地下管线探测中，应用地质雷达技术来查明地下管线的分布、走向、规模和埋深等情况。

（5）新型洛阳铲技术全面解决特殊地层钻进取样难题。

为了保证钻探安全，在钻探前，采用洛阳铲进行人工掘进，以进一步查明地表以下一定深度范围内是否存在不利埋藏物。由于普通洛阳铲受地层、孔径、孔深的影响，遇到松散土体、砂层等特殊地层，孔内取样的难度较大，掘进的效率很低。为此，公司对洛阳铲进行专题研究，创新生产了新型洛阳铲，解决特殊地层，如松散土体、砂层等孔内取样难度较大、掘进缓慢、效率低的问题。

（6）新设计孔内取水器技术有效避免取水器卡孔问题。

为了保证钻孔取水样的质量，解决钻孔水位过深、取水困难的问题，我们对取水器进行研究，新设计了钻孔孔内取水器，有效避免取水器容易卡孔的现象，确保取水水样的质量，并提高工作效率。

（7）新型环刀卸土器技术全面提高土工试验质量。

本次勘察时间紧，室内试验任务重，在试验环刀卸土过程中普遍操作不仅费时费力，有时还对环刀造成损伤。为了保证室内土工试验质量，加快试验操作速度，我们对环刀卸土进行研究，设计一种环刀卸土器，大大提高了室内试验工作效率和质量。

6　工程成果与效益

（1）在本项目勘察中通过采用综合的勘察方法，准确查明了场地工程地质条件，提供了资料完整、真实准确、数据无误、图表清晰、结论有据、建议合理、评价正确的勘察报告，为本工程的设计、施工提供了准确的地质依据，使该项目的设计、施工得以顺利进行，取得了显著的经济效益和社会效益。

（2）本项目基坑支护设计采用排桩＋内支撑，采用旋喷桩止水；基础设计采用人工挖孔灌注桩基础，桩径 1400～8000 mm，其中裙楼以中风化花岗岩⑦-1 作为桩基础持力层，塔楼以微风化花岗岩⑧-1 作为桩基础持力层。本项目 2009 年 12 月开始施工，由于项目工程量巨大，施工工期长，后期服务工作量大，勘察单位把后期服务作为工程勘察重要组成部分，专门成立后期服务组，专门解决基础设计、施工过程中遇到的各种岩土工程问题，为设计和施工赢得了时间，本项目 2014 年 11 月完成地下室回填，整个基坑和基础施工进行比较顺利。

（3）基坑监测结果表明：本基坑围护体系在整个监测过程中未出现异常现象，基坑周边环境（坑外水位、地表沉降、地铁构筑物等）监测项目在本基坑工程后期监测数据变化均较小，变化速率均处于控制值范围内，本工程周边环境已处于稳定状态。未发生任何安全质量事故。

（4）本工程于 2009 年 8 月 29 日举行了奠基仪式，2015 年 6 月已全部通过主体验收。2016 年 11 月已通过竣工验收。塔楼累计沉降量为 30.2～36.8 mm，裙楼累计沉降量为 6.3～12.3 mm，监测结果表明各种监测指标均在规范允许范围内，沉降变形稳定。平安金融中心大厦建成后成为中国平安的总部大楼，为广东第一高楼，成为深圳金融业发展和城市建设新的里程碑（图 3）。

图 3　平安金融大厦夜景

7 评议与讨论

（1）本工程场地环境条件十分复杂（地下有地铁1号线、3号线，广深港城际高铁，周边建筑物密集，地下管线众多的特点），为了保证钻探施工过程中不对场地范围内的地铁及地下管线造成破坏，不对周边环境造成影响，同时为了保证安全生产，通过管线和地下埋藏物的调查、地下管线探测、在钻孔地面以下3～5 m范围内采用洛阳铲进行人工掘进等方法，待查明地下埋藏物以后再进行钻探施工，是确保野外钻探工作顺利进行和预防安全事故的重要措施。

（2）为了解决岩土工程勘察过程中的有关岩土工程问题，对本项目勘察的岩土参数、水文地质、基础选型、深基坑和安全、环保进行专题研究，解决了勘察过程中的主要问题和技术难点，取得了很好的效果。

（3）岩石的风化程度一般存在渐变关系，特别是中风化和微风化岩石，通过对岩石颜色、节理裂隙发育程度、RQD和室内试验等指标进行定性和定量的综合分析，将中风化和微风化花岗岩细分为中风化花岗岩⑦-1、中风化花岗岩⑦-2和微风化花岗岩⑧-1、微风化花岗岩⑧-2。准确地提供各岩层的抗压强度标准值和承载力特征值，充分挖掘中风化花岗岩和微风化花岗岩承载能力。

参考文献

[1] 中国平安人寿保险股份有限公司平安国际金融中心项目岩土工程详细勘察报告书［R］. 中国有色金属长沙勘察设计研究院有限公司，2009.

[2] 平安金融中心基坑支护监测工程总结报告［R］. 深圳市勘察测绘院有限公司，2014.

联系方式

康巨人，1965年生，正高级高级工程师，主要从事岩土工程勘察、设计与施工研究工作。

电话：13823254298；地址：深圳市深南东路1108号福德花园A座三楼。

邮箱：kjr1965@163. com；1739750162@qq. com。

张家界大峡谷玻璃桥高陡岩溶边坡稳定性勘察技术

朱立新

【内容提要】 张家界大峡谷玻璃桥桥址选择在大峡谷两侧的绝壁峰顶边缘地带，场地稳定性是决定桥址选择的关键问题。本文通过对场地地质构造、高陡岩质边坡稳定性及场地岩溶的深入研究，对桥址稳定性进行分析评价，最终确定桥台、主桥塔（主桥墩）、隧道锚及重力锚位置，以期对以后类似高陡岩溶岩质边坡稳定性分析提供参考。

1 工程概况

张家界大峡谷玻璃桥位于湖南省张家界大峡谷景区内，桥址位于大峡谷东西两侧的绝壁峰顶边缘地带，原设计桥梁类型为拉索桥，桥宽 6 m，桥长约 370 m。通过多次勘察和对桥址稳定性进行分析，经建设单位、设计单位及专家多次论证后，最终确定选用悬索桥，主桥墩基础采用水磨钻孔桩（西侧）和人工挖孔桩（东侧），桥梁锚固体系采用隧道锚（西侧）、重力锚（东侧）。东西两侧主桥墩从潜在不稳定的高陡边坡边缘原设计桥址处分别后移 35 m、25 m 后变更设计桥长 430 m。张家界大峡谷玻璃桥变更设计效果图与地形照片如图 1。

图 1　悬索桥变更设计效果图与地形地貌

2 勘察主要解决的岩土问题

（1）查明场地工程地质条件与水文地质条件，重点确定桥台、桥塔（主桥墩）及桥梁锚固体系（西侧隧道锚、东侧重力锚）基础型式、持力层、承载力和变形指标。

（2）场地位于大峡谷两侧，重点确定区域地质构造对场地稳定性的影响。

（3）该项目建在大峡谷两侧的绝壁峰顶之上，横跨整个大峡谷，桥面距谷底的相对高度约 250 m，高陡岩质边坡的稳定性决定了桥址的安全稳定性，重点分析高陡倾岩质边坡的稳定性。

（4）场地为典型的岩溶与峰林峡谷地貌，查明场地内岩溶发育程度、规模和分布规律，重点分析岩溶地基的稳定性及岩溶对场地稳定性的影响。

3 工程水文地质条件

3.1 场地位置和地形地貌

项目位于湖南省张家界市慈利县三官寺乡大峡谷风景区内，桥址两侧分属于吴王坡和栗树垭，场地原始地貌单元属岩溶与峰林峡谷地貌，崖顶与谷底的相对高差约 300 m，两侧桥址地面标高变化于 581.38～608.00 m 之间。

3.2 地层岩性

场地地层分布有植物层（Q_4^{pd}）①、第四系坡积（Q^{dl}）黏土②（可塑）、三叠系（T）微风化灰岩③层。植物层厚度为 0.20～1.30 m，黏土层厚度 0.30～2.00 m，微风化灰岩广泛分布于桥址两侧，揭露层厚为 14.92～70.81 m，呈中厚层状构造，绝壁边缘节理裂隙、受构造影响较强的卸荷裂隙发育，其余地段较发育，属较硬岩，RQD＝35～95，属差的～好的，绝壁边缘岩体破碎～较完整，岩体基本质量等级为Ⅳ级，其余地段岩体较完整～完整，岩体基本质量等级为Ⅲ级。

桥址西侧灰岩产状为 300°～338 °∠12°～35°，倾角由西向东（大峡谷方向）逐渐变缓；桥址东侧灰岩产状为 142°～175°∠10°～36°，倾角由东向西（大峡谷方向）逐渐变缓。基岩中溶蚀裂隙及溶洞较发育，溶蚀裂隙③-1 无充填，视厚度为 0.30～46.40 m，溶洞③-2 无充填或部分充填或全充填，岩溶充填物呈灰黄色、灰褐色，主要由黏土含约 10％的灰岩碎石组成，切面稍有光泽，摇振无反应，干强度及韧性中等，湿，呈可塑、局部软塑状态，视厚度为 0.50～18.70 m。代表性地质剖面如图 2。

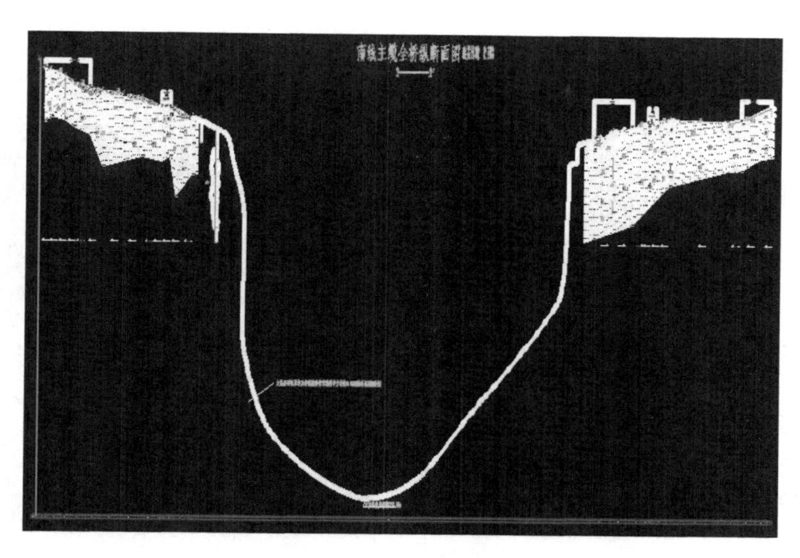

图 2　代表性地质剖面图

3.3　水文地质条件

拟建场地属中亚热带季风湿润气候区，年均气温 16.8 ℃，年活动积温 5200 ℃，年日照 1563.3 h，年均太阳光辐射总量 102 千卡/cm^2，年降雨日 143.2 d，年降雨量 1390 ml，无霜期年均 267.6 d。

场地水文地质条件简单，主要为大气降水，沿节理裂隙、构造裂隙及垂直溶蚀裂隙、岩溶漏斗等向大峡谷径流排泄。

4　区域地质构造对场地稳定性影响分析

4.1　区域地质构造

根据收集的区域地质资料及现场工程地质测绘调查结果，拟建工程场地主要受三官寺向斜、旭日塌断裂及东峪娅断裂控制。西侧桥墩场地西南侧岩层局部发育有揉皱及岩层小错动现象，大峡谷绝壁下部局部地段岩体发育有揉皱及岩层小错动现象（图 3、4）。钻探深度范围内揭露到受区域构造明显影响的次一级构造，大峡谷走向与区域断裂基本一致，东西两侧绝壁边缘明显受区域构造影响，表现为竖向裂缝、节理裂隙及岩溶裂隙发育，未发现大的构造破碎带和断层等。拟建玻璃桥位于三官寺向斜南东翼，向斜两翼岩层倾角不等，核部偏于北北西，南南东翼岩层倾角为 10°～15°，北北西翼倾角为 30°～40°，南东翼岩层倾角为 20°左右，北西西翼倾角为 30°～45°。桥址西侧场地主要发育两组 X 节理裂隙，第一组节理裂隙产状为 150°～180°∠78°～87°，第二组节理裂隙产状为 60°～90°∠75°～85°，桥址东侧场地主要发育两组 X 节理裂隙，第一组节理裂隙产状为 240°～270°∠79°～86°，第二组节理裂隙产状为320°～350°∠75°～85°。桥址两侧岩体节理裂隙与岩层产状受区域构造影响具明显的一致性。

图 3　岩体揉皱现象

图 4　西侧桥墩西南侧岩层错动现象

4.2　区域地质构造对场地稳定性影响分析

张家界大峡谷的形成主要为三官寺向斜、区域断裂及岩溶共同作用的结果。区域断裂构造属非全新活动断裂，虽对大峡谷两侧岸坡整体稳定性影响不大，但靠大峡谷绝壁边缘一侧岸坡稳定性受拟建玻璃桥附加荷载的影响很大，对拟建主桥墩位置的选择影响较大。绝壁边缘岩体相比其他区域节理裂隙、岩溶裂隙、构造裂隙发育，西侧桥址以垂直大峡谷走向的裂隙（166°∠83°）和平行于大峡谷走向的裂隙（75°∠80°）最发育，东侧桥址以垂直大峡谷走向的裂隙（336°∠81°）和平行于大峡谷走向的裂隙（255°∠82°）最发育，受断裂构造影响较强，裂隙宽度较大、深度较深，岩溶发育强烈。根据地质测绘调查、跨孔 CT 物探观测结果，靠大峡谷绝壁边缘一侧 65 m 区域内岩体节理裂隙及受断裂构造影响的卸荷大裂隙、岩溶大裂隙均发育，岩体的破坏已经形成，山体已较为单薄，场地潜在不稳定，离大峡谷绝壁边缘 65 m 以外区域岩体节理裂隙、岩溶虽较发育，但受断裂构造影响明显的卸荷大裂隙、岩溶大裂隙相对不发育，场地基本稳定，考虑原东、西侧设计桥址距离大峡谷绝壁边缘分别为 30 m、40 m，因此，建议东侧桥墩后移 35 m、西侧桥墩后移 25 m 是稳定安全的。

5　高陡岩质边坡稳定性分析

张家界大峡谷玻璃桥东西两侧桥墩场地内微风化灰岩节理裂隙发育，在微风化灰岩露头节理裂隙发育地段进行了节理裂隙统计。通过节理玫瑰花图、赤平投影图及三维数学建模对高陡倾岩质边坡进行了稳定性分析。

5.1 节理统计分析

根据节理玫瑰花图（图 5、图 6），东侧桥址以垂直大峡谷走向的裂隙（336°∠81°）和平行于大峡谷走向的裂隙（255°∠82°）最发育，西侧桥址以垂直大峡谷走向的裂隙（166°∠83°）和平行于大峡谷走向的裂隙（75°∠80°）最发育。

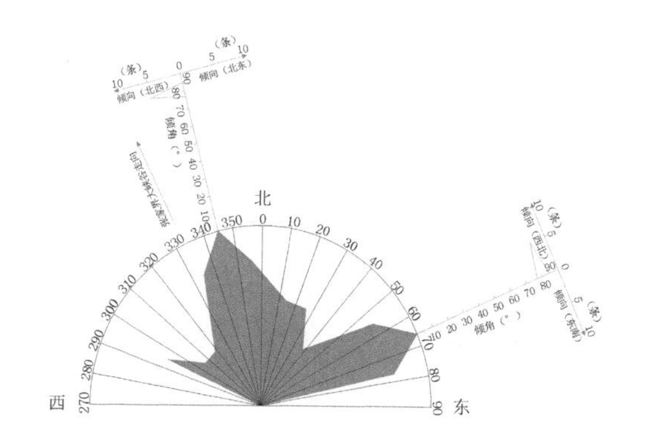

图 5 大峡谷东侧场地节理玫瑰花图

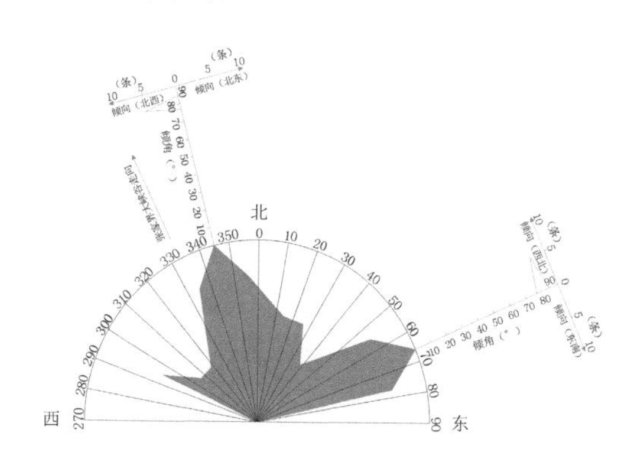

图 6 大峡谷西侧场地节理玫瑰花图

5.2 赤平投影分析

根据赤平投影分析结果（图 7、图 8），东、西两侧桥址所处的陡立岸坡在外力作用下，上部坡体破坏形式为崩塌或滑塌或倾倒破坏，下部坡体破坏形式为局部楔形体滑塌破坏或塑性破坏。

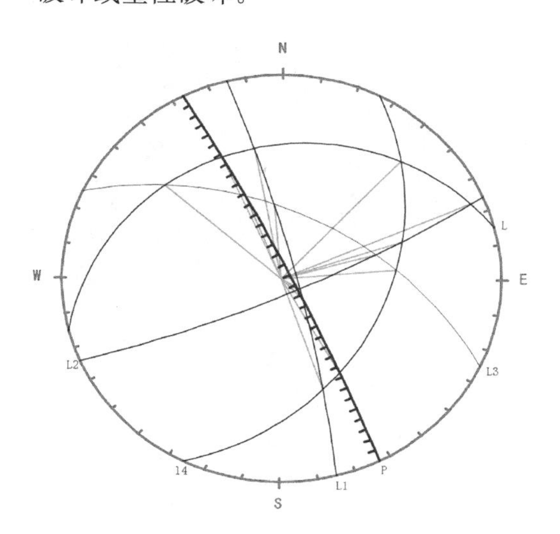

图 7 大峡谷东侧陡立岸坡赤平投影图

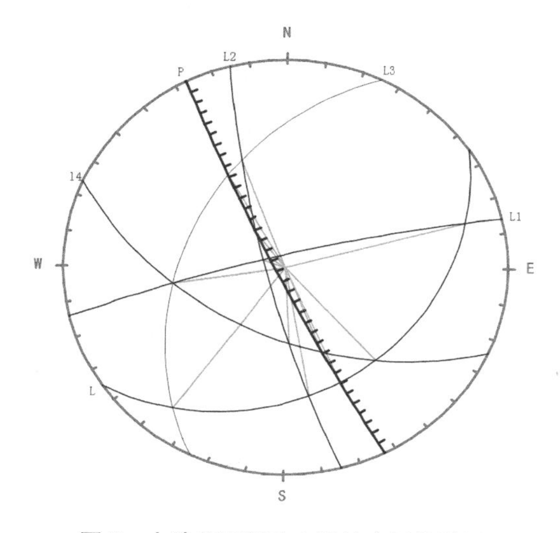

图 8 大峡谷西侧陡立岸坡赤平投影图

5.3 三维有限元分析

三维有限元分析模型的建立是根据地形等高线图采用三维建模软件处理获得的三维地质模型，根据地质剖面图及地形图建立适合有限元计算的模型（图 9），取最不利的剖面即桥中线所在的剖面进行拉伸形成，模型边界条件为模型左右、前后分别是水平方面位移约束，底面为固定端约束。

数值计算采用了大型非线性有限元计算软件 ABAQUS 程序进行三维有限元分析计算。ABAQUS 是一套功能强大的基于有限元法的工程模拟软件，其解决问题的范围从相对简单的线性分析到最富有挑战性的非线性模拟问题。

根据数值模拟有限元分析结果，左岸沟谷内初始应力场最大值出现在山谷的左岸沟谷中间部分，约为 3.5×10^{3}kN，右岸沟谷内初始应力场最大值出现在山谷的右岸沟谷中上部，约为 2.5×10^{3}kN；在外荷载作用下峡谷左岸边坡的应力为 3.1×10^{3}kN，峡谷右岸边坡的应力为 2.8×10^{3}kN。

张家界玻璃桥大峡谷在外荷作用下由坡顶向沟谷深度应力越来越大，在坡谷的中下部达到极大，然后又逐渐变小，西侧受力情况要比东侧的更不利（见图 10、图 11、图 12）。原设计桥墩两侧绝壁岸坡在外力作用下处于欠稳定-不稳定状态，不适宜建设玻璃桥；建议后移 25 m（西侧）、35 m（东侧）区域的新桥墩位置在外力作用下处于基本稳定状态，对绝壁岸坡上部采用锚索＋格构梁加固治理后适宜建设玻璃桥；东、西两侧锚锭区域场地是稳定的。因此，建议东西两侧主桥墩变更设计位置，距离大峡谷绝壁边缘 65 m 以外区域是稳定安全的。

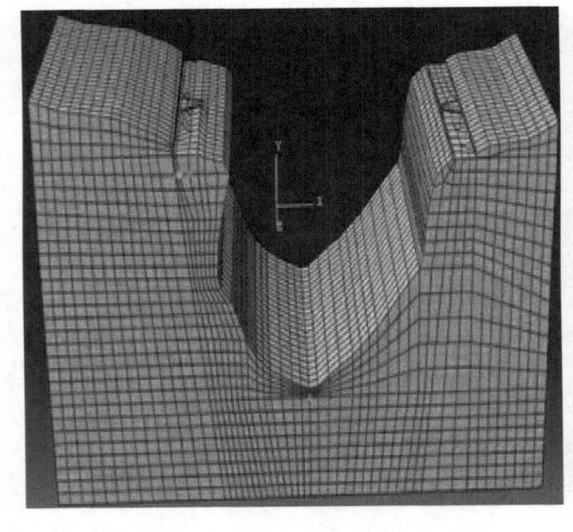

图 9　有限元计算分析模型图

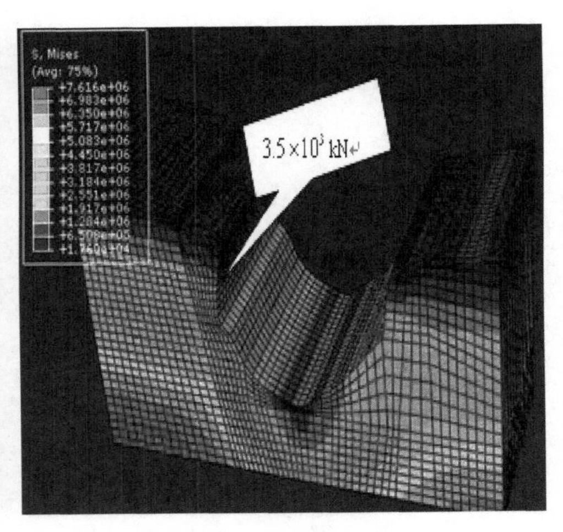

图 10　西侧绝壁自重应力场分布图

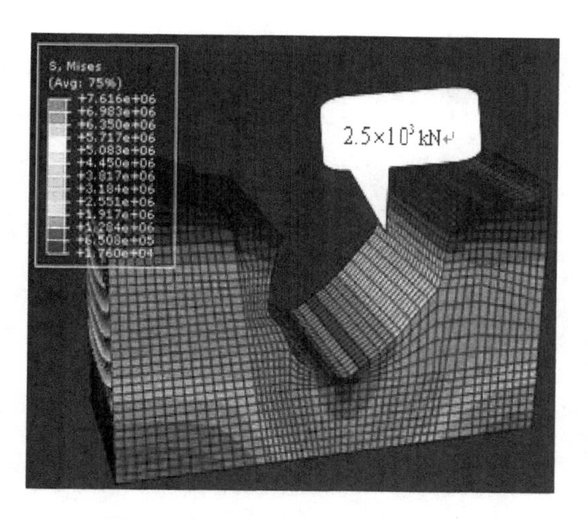

图 11　东侧绝壁自重应力场分布图

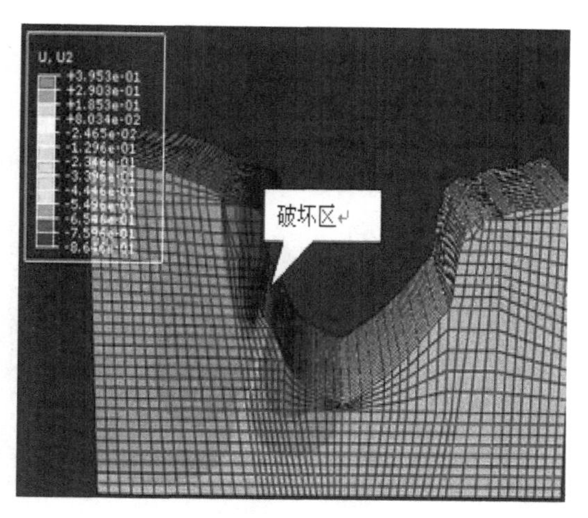

图 12　外荷作用下竖向位移分布图

6　岩溶对场地稳定性影响分析

6.1　岩溶形态与分布特征

根据现场地质测绘调查、钻探等结果，拟建场地岩溶主要形态为溶沟、溶槽、地面塌陷、岩溶漏斗、垂直溶蚀裂隙、溶洞（见代表性照片图 13～图 18）。本次勘察钻孔 103 个，遇溶洞（隙）的钻孔数量为 45 个，钻孔岩溶见洞隙率 43.69%，线岩溶率为 6.52 %，岩溶发育区总体以竖向发育为主，溶沟、溶蚀裂隙、溶洞等较为多见，溶洞的形成由地下水从上而下流向为主，溶洞呈串珠状分布，大小、形状不一。绝壁附近 60 m 区域岩溶发育程度为强发育，其他区域中等发育～微发育。东侧场地主要发育有两个岩溶漏斗，靠近大峡谷绝壁约 30 m 区域发育的岩溶漏斗，直径约 30 m，面积约 690 m^2，可见深度约 20 m，远离大峡谷绝壁一侧发育的岩溶漏斗，直径约 14 m，面积约 150 m^2，可见深度约 5 m；西侧场地靠近大峡谷绝壁约 45 m 区域发育一个岩溶漏斗，直径约 10 m，面积约 85 m^2，可见深度约 12 m。竖向溶蚀裂隙主要分布在绝壁岸坡岩体上及其边缘一带，呈 X 节理分布，竖向溶蚀裂隙宽度 0.5～8 m，竖向岩溶裂隙或溶洞埋深 2.30～67.30 m，埋深超过 20 m 的占比 62%以上，溶洞视厚度一般为 1.50～10.00 m，最大视厚度 18.70 m，竖向岩溶裂隙视厚度一般 0.30～5.00 m，最大视厚度 46.40 m。

图 13　东侧场地靠近绝壁的岩溶漏斗

图 14　东侧场地远离绝壁的岩溶漏斗

图 15、16　东侧、西侧场地绝壁 30 m 内的竖向溶蚀大裂隙、构造大裂隙

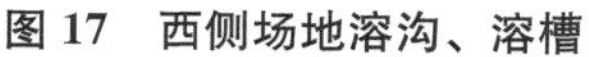

图 17　西侧场地溶沟、溶槽

图 18　东侧场地内地面塌陷

6.2　岩溶对场地稳定性影响分析

根据现场地质测绘调查、钻探和跨孔 CT 物探检测等结果，东、西两侧桥墩位置显示靠大峡谷绝壁边缘一侧 65 m 区域内岩体中的破坏已经形成，山体已较为单薄，岩溶发育强烈，场地潜在不稳定，绝壁边缘 65 m 区域以外及东、西侧隧址区间岩溶较发育。

东、西两侧桥墩须调整原设计位置，变更至远离大峡谷绝壁边缘 65 m 区域以外，场地基本稳定，对局部岩溶较发育区可通过采用适宜的桩基础和地基处理等方法解决地基稳定性问题。根据大峡谷两侧岩土工程条件及环境保护要求，主桥墩基础适宜选用水磨钻孔、人工挖孔灌注桩，桩端需穿越岩溶底部 10 m 以上深度，且须通过超前钻探确认，确保主桥墩基础以稳定的微风化灰岩为桩端持力层，则主桥墩地基是稳定的，但考虑在暴雨和长期地下水的作用下，岩溶的发育程度及其规模可能会进一步扩大，对主桥墩地基稳定性产生不良的影响，须对绝壁岸坡及靠近主桥墩的两侧边坡采用喷锚或锚杆（索）＋格构梁支护加固处理，确保场地和地基稳定。

7　评议与讨论

（1）大峡谷玻璃桥高陡岩溶边坡稳定性问题是复杂的，勘察时必须采用工程地质测绘调查、物探、钻探、井探、原位测试和室内试验等综合勘察技术，用以查明场地工程地质与水文地质条件、岩溶发育情况及不良地质作用。

（2）关于大峡谷玻璃桥高陡岩溶边坡的稳定性，通过采用节理统计、赤平投影及三维有限元等多种技术分析方法，重点研究了区域地质构造对场地稳定性影响、高陡倾岩质边坡稳定性以及岩溶对场地、地基稳定性影响等复杂的工程地质问题，为张家界大峡谷玻璃桥主桥墩、隧道锚和重力锚推荐了稳定、安全且经济合理的建设场地位置。

（3）通过大峡谷玻璃桥高陡岩溶边坡稳定性勘察，对山地岩溶工程而言，须重视现场工程地质测绘及调查工作；对于极为复杂场地的认识是循序渐进的过程，须采用科学态度，综合运用多种勘察方法手段，多次勘察多次论证；影响场地稳定性的因素很多，须找出主要因素，把握勘察重点，同时各个因素是相互关联相互影响的，应综合分析；采用信息化勘察设计，多与设计、甲方、专家交流沟通，参与后续施工验槽验桩，进一步验证勘察成果，为后续类似工程勘察积累经验。

参考文献

[1] 建设部综合勘察研究设计院．岩土工程勘察规范：GB 50021－2001 [S]．北京：中国建筑工业出版社，2009.

[2] 重庆市城乡建设委员会．建筑边坡工程技术规范：GB 50330－2013 [S]．北京：中国建筑工业出版社，2013.

[3] 华东交通大学，江西中煤建设集团有限公司．岩溶地区建筑地基基础技术标准：GB/T 51238－2018 [S]．北京：中国计划出版社，2018.

联系方式

朱立新，1966 年 3 月 26 日生，正高级高级工程师，主要从事岩土工程勘察、检测、设计与施工研究工作。

电话：13875950458；地址：湖南省长沙市雨花区振华路 579 号康庭园 1 栋 101 号 1802 室。

邮箱：1013894418@qq. com。

湖南日报传媒中心详细勘察

蒋先平

【内容提要】本项目属于地质条件复杂、环境条件复杂的超高层建设项目，本工程通过对场地地层、地质构造、地下水等进行专题研究，提供了准确可靠的岩土工程参数及科学、经济、合理的基础选型建议，取得了良好的经济和社会效益。

1 工程概况

湖南日报传媒中心由1栋超高层建筑、1栋高层建筑及裙楼组成，其中，超高层建筑（文化产业大楼）（54F，230 m），高层建筑（文化事业大楼）（23F，100 m），裙楼（5F，22 m），建筑物整体设4层地下室（高度20.00 m）。结构形式：高层及超高层建筑为框架-核心筒结构，裙楼为框架结构。单位荷重如下：文化产业大楼，1000 kN/m^2；文化事业大楼，500 kN/m^2；裙楼，150 kN/m^2。

湖南日报传媒中心场地位于长沙市开福区芙蓉中路与湘春路交叉口的西南角，场地东侧紧邻芙蓉中路，南侧及西侧与湖南日报高层住宅楼和多层住宅楼仅相隔一小区道路（路宽约6.00 m），北侧邻近湘春路及湖南日报住宅楼。

2 场地岩土工程地质条件

2.1 地层分布特征

场地内分布有人工填土层、第四系新近冲积层、第四系冲积层、第四系残积层，下伏基岩为第三系泥质粉砂岩、砾岩和元古界板岩，具体情况详见岩土层情况表（表1）及典型剖面图（图1）。

表1 岩土层情况表

层号	名称	时代	状态	厚度/m	备注
①	人工填土	Q^{ml}	素填土，褐黄、灰褐等色	0.60～6.00	局部堆填时间超过10年，基本完成自重固结
②	含有机质粉质黏土	Q_4^{al}	灰褐、灰黑色	1.10～3.40	

续表

层号	名称	时代	状态	厚度/m	备注
③	粉质黏土	Q^{al}	褐灰、褐黄色	0.80～5.00	
④	粉质黏土		褐红、灰白色	0.50～12.10	
⑤	粉质黏土		褐黄、灰白色	0.60～6.30	
⑥	粗砾砂		褐黄、灰白色	1.40～6.30	
⑦	粉质黏土	Qe	褐红色	0.30～3.90	
⑧	强风化泥质粉砂岩	E	紫红色	0.80～8.00	
⑨	中风化泥质粉砂岩	E	褐红、紫红色	18.00～33.00	层厚为揭露层厚
⑩	强风化砾岩	E	褐红色	0.70～20.90	该层不均匀含中风化砾岩⑩-1
⑪	中风化砾岩	E	褐红、灰白色	2.00～25.10	该层不均匀含强风化砾岩⑪-1
⑫	强风化板岩	Pt	灰黄、褐黄色	1.00～6.50	
⑬	中风化板岩	Pt	灰黄、青灰色	1.03～39.50	该层不均匀含强风化板岩⑬-1
⑭	糜棱岩		褐灰、青灰色	0.50～9.37	

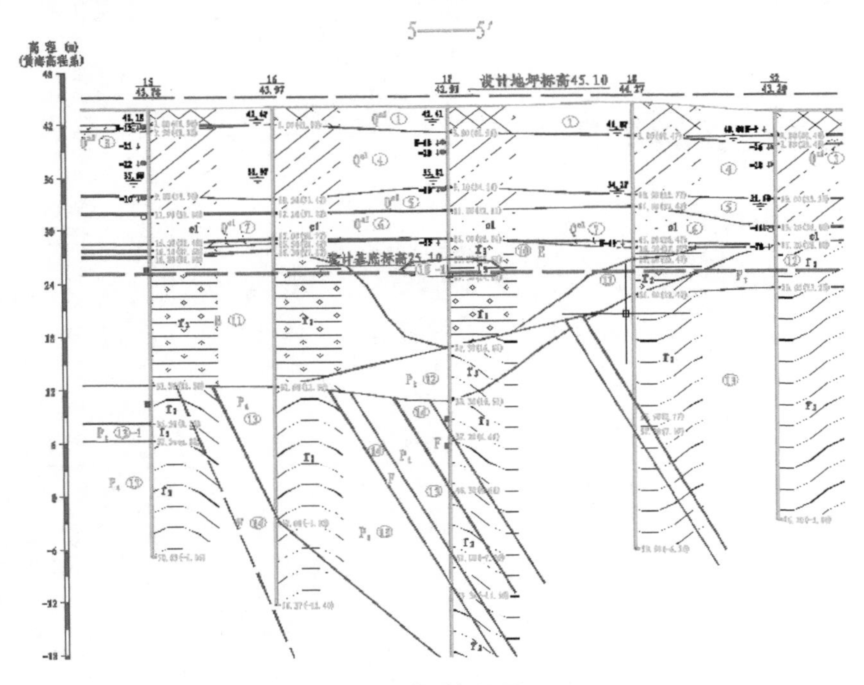

图 1　典型剖面图

2.2 构造

根据区域地质资料，结合场地附近1984～2012年的岩土工程勘察报告成果，影响本场地的断裂主要为葫芦坡—金盆岭—炮台子断裂（F101）。（F101）属非全新世断裂，走向北东，全长约60 km，北东段为长沙洼凹北本缘的边界断裂，截切了冷家溪群、泥盆一石炭纪地层、白垩纪地层及白沙井组等，挤压破碎带沿线可见，冷家溪群、棋子桥组、测水组呈构造透镜体夹于断裂之中；水渡河附近见冷家溪群逆掩在神皇山组之上，于拟建场地南侧约200 m通过。根据钻探结果，在钻孔3、12、13、16～18、51、53、63、68号发现有断层，断层主要出现在东北角的文化产业大楼钻孔中，场地东南角个别钻孔有揭露。断层带主要成分为青灰色糜棱岩，呈强风化状，主要矿物成分为石英及长石，岩芯呈土夹碎块状或土柱状，浸水后易软化。根据断层带位置及出露标高推算其产状约为135°∠67°。

2.3 地下水

（1） 地下水埋藏条件、地下水类型及含水性。

场地地下水赋存、运移于人工填土、第四系冲积层、残积层及基岩各风化带的孔隙、裂隙中。根据其埋藏条件及含水层的性质，场地地下水类型为上层滞水和潜水。上层滞水主要赋存于人工填土①层中，受大气降水及地表水补给，水位随季节性变化较大。潜水主要赋存于粗砾砂⑥中，略具承压性，受大气降水及地表水补给，水位随季节性变化较大。基岩各风化带内所赋存的地下水为基岩裂隙水，其水量大小和径流受岩体节理裂隙发育程度、连通性和构造的控制，其地下水压力场和渗流状态具明显的各向异性，该层地下水主要受地下水径流侧向补给，且未形成稳定连续的水位面。场地地下水总体上由场地东侧向西侧渗流排泄。

（2）地下水位及变化幅度。

上层滞水初见水位埋深为0.80～4.80 m，相当于标高38.29～43.01 m；上层滞水稳定水位埋深为0.40～4.30 m，相当于标高38.89～43.41 m；潜水地下水初见水位埋深为7.80～14.00 m，相当于标高29.31～35.41 m；潜水稳定水位埋深为7.60～13.00 m，相当于标高30.25～36.23 m；根据勘察结果及长沙市地区水文地质资料，该场地地下水稳定，水位变化幅度可按1.00～3.00 m考虑。

（3）地层的渗透性。

场地内人工填土①和粗砾砂⑥层为强透水性地层，其他地层为弱透水性地层。场地内局部地段的强～中风化岩因受构造的影响，岩体较为破碎，裂隙较为发育，因此，在裂隙较为发育、岩体较为破碎的强～中风化岩中有可能存在较丰富的地下水，其透水性为强透水性。

2.4 地基基础方案分析与持力层选择

文化产业大楼，层数为 54 层，高度为 230 m，框架-核心筒结构，单位荷载为 1000 kN/m²；事业大楼层数为 23 层，高度为 100 m，单位荷重 500 kN/m²；文化产业大楼和事业大楼设计地坪标高±0.000 为 45.10 m，结构为框架-核心筒结构，设计地坪标高±0.000 为 45.10 m，地下室为四层，高度 20.00 m，则地下室底板顶标高为 25.10 m。地下室底板以下埋藏的地层主要为强风化泥质粉砂岩⑧、中风化泥质粉砂岩⑨、强风化砾岩⑩、中风化砾岩⑩-1、中风化砾岩⑪、强风化砾岩⑪-1、强风化板岩⑫、中风化板岩⑬、糜棱岩⑭等地层，根据地基岩土层的特点，并结合拟建建（构）筑的上部结构和荷载情况，建议裙楼及纯地下室采用天然地基，基础型式可采用独立柱基，以强风化岩及其以下地层为基础持力层。根据地基岩土层的特点，并结合拟建建（构）筑的上部结构和荷载情况，建议采用桩筏基础，桩基础可采用人工挖孔桩或钻冲孔灌注桩，以中风化泥质粉砂岩⑨、中风化砾岩⑪或中风化板岩⑬为桩端持力层，建议桩长为 15～20 m。裙楼为 5 层，高度为 22.00 m，单位荷重 150 kN/m²，设计地坪标高±0.000 为 45.10 m，结构为框架结构，地下室为四层，高度 20.00 m，则地下室底板顶标高为 25.10 m。地下室板底以下地层主要为强风化泥质粉砂岩⑧、中风化泥质粉砂岩⑨、强风化砾岩⑩、中风化砾岩⑩-1、中风化砾岩⑪、强风化砾岩⑪-1、强风化板岩⑫、中风化板岩⑬、糜棱岩⑭等地层。勘察时，采用了多种原位测试手段，如标准贯入试验、重型圆锥动力触探试验、旁压试验等，再结合岩、土室内试验结果，以及我司原湖南日报住宅楼的勘察成果，获得了准确可靠的岩土工程特性指标参数。

3 主要环境及岩土工程问题

3.1 环境条件调查的问题

项目场地为市中心，场地周边条件极为复杂。了解和查明场地内外侧管网情况、地下建（构）筑物情况及周边建筑物的基础型式对钻探施工、基坑支护和基础选型有很强的指导作用。根据其情况，踏勘时，我司对业主提出了收集周边管网及地下建（构）筑物的必要性，并对其周边湖南日报住宅楼勘察报告进行了仔细的阅读，对地层及其物理力学参数做到心中有数；把收集到的管网、地下建（构）筑物情况标识于总平面图上，钻探点放样时，紧跟施放人员，了解点位的位置，并根据收集、了解的管网、地下建（构）筑物的情况，确定是否进行移位或者在钻探前先进行开挖探井，再进行钻探的方法。根据收集到的资料，场地东侧基坑边线距芙蓉中路约 2.00 m，芙蓉中路分布大量的地下管网，如污水管道、电缆、光缆等，且在一定深度（15.00～25.00 m，电业局介绍）内存在电缆隧道；靠近红线处为一正在规划施工的电缆；基坑南侧 BCD 段距湖南日报 25 层住宅楼仅一路之隔，道路宽约 6.00 m，湖南日报 25 层住宅楼存在一层地下室，基础型式为桩基，道路上存在管网。DF段与湖南日报5～8层的住宅楼间隔小区道路，道路宽约6.00 m，道路上存在管网，如电缆、污水管道等；基坑西侧EFG段现为绿化带和道路，道路上存在管网，如电缆、污水管道等，EFGH距基坑边线约6.00 m处为5层的住宅楼。HI段基坑边线与23层住宅楼间隔约6.00 m，23层的住宅楼存在一层地下室，基础型式为桩基；基坑北侧IJ段基坑边线与17层住宅楼间距约8.00 m，存在小区道路，道路埋设有污水管道和电缆等地下管网，且在钻孔80和24孔处存在防空洞。JA段距湘春路约20 m，湘春路埋设大量的地下管网。根据收集到的资料，因周边环境复杂，且建构物对位移和沉降及其敏感，基坑支护结构变形要求控制较严格，且对防空洞采取了有效的处理措施。

3.2 准确查明地层及构造的问题

该场地岩性多样，且分布上具有一定的规律；构造带的位置及其产状的查明对基础设计和施工具有重要意义。

勘察场地范围内分布有人工填土、含有机质粉质黏土、风化岩及残积土等特殊性岩土及三种不同的岩层（泥质粉砂岩、砾岩及板岩），准确掌握特殊性岩土及不同岩层的分布规律及力学性能可以为基坑开挖与支护方案设计、基础施工方案设计提供准确的岩土参数及设计依据。

野外钻探过程中，严格控制回次进尺及岩芯采取率，野外工作时，技术人员现场编录时，做到地层与钻探过程相符合，做到一动（掰岩芯）、二看（看岩芯）、三询（询机台），切实及时做好编录，并建立剖面意识，在钻孔深度满足基坑开挖与支护、基础施工要求的前提下，进行加深，以探明场地是否存在构造。

采用多种原位测试（标准贯入试验、重型圆锥动力触探试验、波速试验、旁压试验等）相结合，并采取各种岩、土试料进行室内试验，对比综合分析原位测试和室内试验资料。

审核人、审定人多次对现场进行指导。根据地下室基底标高，采用理正基坑软件，详细地绘制基坑底（标高25.10 m）岩性分布图和基岩（强风化/中风化）顶面等高线图，对存在构造破碎带的位置的钻孔建立CAD三维图，推算其产状。

3.3 构造影响的问题

根据长沙地区地质构造图，拟建场地附近有区域性断裂即葫芦坡—金盆岭—炮台子断裂（F101）通过，查明该断裂对场地的影响程度对场地稳定性评价具有非常重要的意义。

（1）野外钻探过程中，严格控制回次进尺及岩芯采取率，查明场地内是否存在构造破碎带。

（2）在钻孔深度满足基坑开挖与支护、基础施工要求的前提下，进行加深，以探明场地是否存在构造。

根据区域地质资料并结合钻探揭露糜棱岩特征，推断场地分布的断层为葫芦坡—金盆岭—炮台子断裂（F101）的次一级构造。葫芦坡—金盆岭—炮台子断裂（F101）为非全新世断裂，对场地的稳定性不构成影响。此外，尽管本次钻探未揭露到其他的次一级构造，但不排除拟建场地内存在其他次一级构造的可能，当然，即使存在，也是非全新活动断裂，对场地的稳定性不构成影响。

3.4　高底层间差异沉降的问题

过大的差异沉降不仅影响建筑物的正常使用，甚至危及建筑物的安全稳定。然而目前针对差异沉降控制的设计理论不够完善，设计效果不甚理想，从而造成很严重的资源浪费。

本项目超高层建筑与裙房及地下室结构紧密相邻，主楼与裙楼及地下室之间荷载差异较大，且之间相互影响，同时场地地质情况复杂，使得基础之间差异沉降较大，因此应采取以下措施减少地基差异沉降的不利影响：

（1）合理安排不同建筑物或建筑部分的建造顺序；

（2）合理设置沉降缝或施工缝（后浇带）及位置，施工后浇带的浇注时间；

（3）合理设置地基差异沉降的措施宜兼顾建筑基础结构抗浮问题。

4　效果评价

（1）本项目在勘察过程中不墨守成规，能根据具体情况从实际出发，在满足总体单位、咨询单位及建设单位要求的同时，使用多种勘测手段（重型圆锥动力触探试验、标准贯入试验、旁压试验、单孔剪切波速试验、室内土工试验、水质分析试验等），对场地内各地层的参数及指标进行了详细的分析与评价，同时对其提出了具有地区经验的参数建议值表，得到了设计单位的肯定及采纳。在保证拟建各建（构）筑物的质量及安全的前提下，充分挖掘了场地内各地层的力学指标潜力；并按实际情况，提出了安全可靠、经济合理的基础选型建议、抗浮水位建议值、抗浮措施及基坑支护型式，取得了良好的经济和社会效益。

（2）勘察报告提供的工程指标是可靠的、安全的，同时最大程度发挥了各地层的承载能力，为湖南日报传媒中心按期完成贡献了不小的力量。施工过程及竣工后的沉降及位移观测的结果证明，达到并满足其使用功能的要求。该工程勘察方法、经验对类似工程建设具有重要指导意义和参考价值。

参考文献

［1］中国建筑科学研究院．建筑地基基础设计规范：GB 50007—2011［S］．北京：中国建筑工业出版社，2012.

［2］中国建筑科学研究院．高层建筑筏形与箱形基础技术规范：JGJ6-2011［S］．北京：中国建筑工业出版社，2011.

［3］杨宜章，杨奕军．岩溶地区桩基施工中的溶洞地基处理［J］．岩土工程，2002（4）：38-40.

［4］杨涟．复杂岩溶地基处理实例［J］．勘察科学技术，1999（5）：23-26.

［5］周建龙．超高层建筑结构设计与工程实践［M］．上海：同济大学出版社，2017.

［6］石云，王善谣．某框架-核心筒超高层塔楼结构设计［J］．江苏建筑，2021（4）：27-31.

［7］周峰，朱锐，郭天祥，等．可控刚度桩筏基础桩土共同作用的工程实践［J］．岩石力学与工程学报，2017（12）：3075-3084.

［8］肖从真，杜义欣，康志宏，等．丽泽 SOHO 双塔复杂连体超限高层结构体系研究［J］．建筑结构学报，2016（2）：11-18.

［9］赵昕，袁聚云，刘射洪．超高层建筑桩筏基础筏板弯矩时变效应分析［J］．建筑结构，2016（2）：65-70.

［10］刘金砺．高层建筑地基基础概念设计的思考［J］．土木工程学报，2006（6）：100-105.

［11］龚晓南，陈明中．桩筏基础设计方案优化若干问题［J］．土木工程学报，2001（4）：107-110.

［12］简直，陈定伟．破碎带地基的处理［J］．冶金建筑，1982（12）：34-36，24.

［13］贾晨，王文慧，许建飞．唐山岩溶地质灾害的勘查与成因分析［J］．中国金属通报，2019（9）：259-260.

联系方式

蒋先平，1980 年生，高级工程师，注册岩土工程师，主要从事岩土工程勘察、设计工作。

电话：18942559612；地址：湖南省长沙市雨花区振华路 579 号康庭园 1 栋 101 号 1311 室。

邮箱：41555767@qq. com。

深圳市坪山高中园项目岩溶地基基础工程

李剑波，谯志伟

【内容提要】通过坪山高中园项目勘察实践，采用多种试验测试手段，对场地岩石鉴定分析、断裂带分析、基础选型动态分析和地质条件对桩基质量的影响分析，全面解决了该项目的主要地基基础问题，具有一定的典型性和参考价值。

1 工程概况

深圳市坪山高中园项目场地位于深圳市坪山区沙湖地区，总用地面积 202151 m²，拟建 9 栋宿舍、9 栋教学楼、图书馆、剧场、报告厅、体育馆、行政办公楼及 2 个运动场，在局部区域设 1 层地下室。拟建建筑采用框架结构，设计±0 标高为 49.35 m～52.85 m，其中 3B 栋宿舍楼、6＃教学楼（ABC 三栋）、图书馆、行政办公楼、剧场、报告厅、体育馆、运动场 1 等建筑物均设有 1 层地下室。拟建建筑物对差异沉降敏感，拟采用桩基础（图 1）。

图 1　坪山高中园效果图

2 地质条件

2.1 地层分布特征

根据勘察结果，该项目场地分布的主要地层为：第四系人工填土层、第四系冲洪积层、第四系坡积层、第四系坡残积层、第四系残积层，下伏基岩为石炭系下统砂岩和石灰岩。岩土种类多，各岩土层的工程特性差异显著，在水平上和垂直上分布厚度变化大，砂岩风化层和断裂构造岩中发育有砂岩硬夹层，溶洞和土洞需特殊处理。详见表1。

表1 场地内主要地层一览表

时代成因	地层名称	地层编号	简要描述
Q^{ml}	人工填土	1-0	褐红、褐黄、褐灰等色，层厚 0.40～13.50 m
Q^{al+pl}	粉质黏土	2-1	浅红色、褐黄色、灰黄色，层厚 0.40～8.00 m
	淤泥质黏土	2-2	褐灰、灰黑色，层厚 0.60～5.50 m
	粉砂	2-3	灰黄、灰黑色，层厚介于 0.40～3.70 m
	中砂	2-4	灰黑、灰白、灰黄色，层厚 0.40～4.40 m
	粗砂	2-5	褐黄、浅黄、灰黑等色，层厚 0.30～5.50 m
	砾砂	2-6	褐黄、浅黄、灰黑等色，层厚 1.00～5.00 m
	卵石	2-7	浅灰、浅黄、灰白色，层厚 0.60～6.10 m
Q^{dl}	粉质黏土	3-0	褐红、褐黄、灰黄色，层厚介于 0.60～6.70 m
Q^{dl+el}	含碎石粉质黏土	4-1	灰褐、褐黄、灰黑等色，层厚 1.50～11.00 m
	含碎石粉质黏土	4-2	灰褐、褐黄、灰黑等色，层厚 1.20～4.20 m
Q^{el}	粉质黏土	5-0	褐红、灰黄、灰黑色，由砂岩风化残积而成，层厚 0.30～20.20 m
C_1	全风化砂岩	6-1	褐黄、褐红、褐灰色，层厚 1.10～15.00 m
	土状强风化砂岩	6-2	褐灰褐、褐黄色，层厚 0.50～8.200 m
	碎块状强风化砂岩	6-3	灰褐、褐黄色，层厚 0.40～25.60 m
	中风化砂岩	6-4	褐黄、褐灰、灰色，揭露厚度 0.40～8.40 m，层厚不详
	微风化砂岩	6-5	褐灰、青灰、灰白、灰黑斑状等色，揭露厚度 1.30～9.00 m，层厚不详
	微风化石灰岩	7-0	灰白、浅灰色，揭露厚度 0.30～10.30 m，层厚不详

续表

时代成因	地层名称	地层编号	简要描述
F	断层泥	10-1	青灰、灰绿色，揭露厚度 0.50～34.90 m
	糜棱岩	10-2	灰、灰绿色，揭露厚度 0.20～26.90 m
	中风化碎裂岩	10-3	青灰、灰绿、灰色，揭露厚度 0.30～7.90 m

场地典型剖面图如图 2。

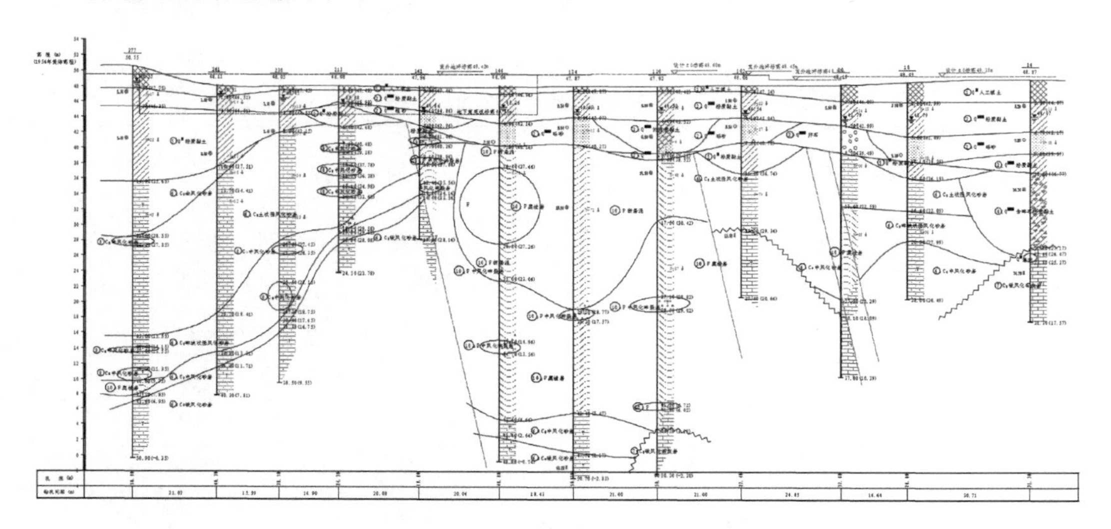

图 2　场地典型剖面图

2.2　断裂构造

场地附近主要的断裂构造为北东向的黄竹坑断裂 F1326，距离场地东南侧约 1.0 km。该项目勘察时，在场地内揭露有断层泥、糜棱岩、中风化碎裂岩等构造变质岩，在场地内分布宽度约 130 m，推测该断裂构造带走向约南东 80°，倾向北东 10°，倾角 35～60°。

2.3　地下水

地下水主要赋存于第四系各地层的孔隙、基岩裂隙和岩溶中，地下水类型属潜水。孔隙水主要赋存于第四系各地层中，其中，中砂②$_4$、粗砂②$_5$、砾砂②$_6$、卵石②$_7$属强透水性地层，为主要含水层；地下水主要受大气降水及地表水补给，水位变化因季节而异。砂岩各风化带、构造带地层内所赋存的地下水属基岩裂隙水，基岩受节理裂隙控制，未形成连续、稳定的水位面，基岩裂隙水具有微承压性。在石炭系石灰岩中还赋存岩溶水，受大气降水及上层地下水补给，其涌水量大小及径流规律主要受地质构造及溶

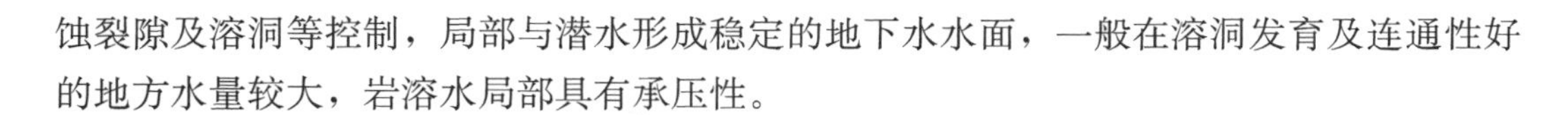

蚀裂隙及溶洞等控制，局部与潜水形成稳定的地下水水面，一般在溶洞发育及连通性好的地方水量较大，岩溶水局部具有承压性。

2.4 岩土参数精确控制

本项目岩土参数的确定采取了多种勘察手段综合计算与分析。

(1) 室内试验：根据室内土工试验的结果确定岩土参数。

(2) 标贯试验：通过统计分析标贯数据，并根据规范公式计算各地层的地基承载力。

(3) 动力触探试验：通过统计分析动力触探试验数据，根据规范确定各地层的地基承载力。

(4) 旁压试验：通过统计分析旁压试验数据，综合考虑计算各地层的地基承载力和变形参数。

(5) 静力触探试验：通过静力触探试验数据，对地层进行力学分层，并估算压缩形、地基承载力。

(6) 分析对比其他项目：通过对比邻近项目和相似项目的岩土参数和实际施工情况，进一步调整参数准确性和适用性。

本项目对桩基参数的控制如下。

(1) 根据规范查找得出桩基参数。

(2) 根据静力触探试验结果估算单桩承载力：对场地主要地层进行静力触探试验，通过静力触探试验结果估算单桩承载力。

(3) 动态复核桩基参数：根据现场试桩结果和分析对比试桩周围钻孔地质情况，根据试桩现场施工记录，复核计算桩侧、桩端土层参数。

3 主要地基基础问题

3.1 岩石鉴定与分析

场地面积较大，岩石种类较多，多种岩性定名和提供不同的指标参数，不便于设计和施工使用。针对这种情况，将场地内的各种类别的岩样各取一组，共计 7 组进行试验鉴定。

透辉石方解石大理岩、大理岩化细中晶灰岩、透辉透闪矽卡岩（此三种岩石都有一个共同特点：滴稀盐酸剧烈起泡），统一合并为石灰岩。

角岩化变质细粒长石石英杂砂岩、碎裂变质不等粒石英砂岩、变质泥质粉砂岩、黑云母变质中细粒长石石英砂岩，统一合并为砂岩。

3.2 断裂带分析

（1）搜集区域地质资料。

本项目钻探揭露的断裂构造带，其平面分布具有一定规模，不同于一般的次生断裂构造。为查明该断裂带，搜集了《深圳市地质图》《深圳地质》《深圳市区域稳定性评价》等资料，同时搜集到一些场地附近其他项目的勘察资料。经过多个资料的印证和排查，确定本项目场地内分布的断裂带为原有资料未揭露的无名断裂带。尽管如此，由于该断裂带亦属于深圳断裂带的分支，其构造稳定性总体较好，不会对工程场地的稳定性造成影响（图 3、图 4）。

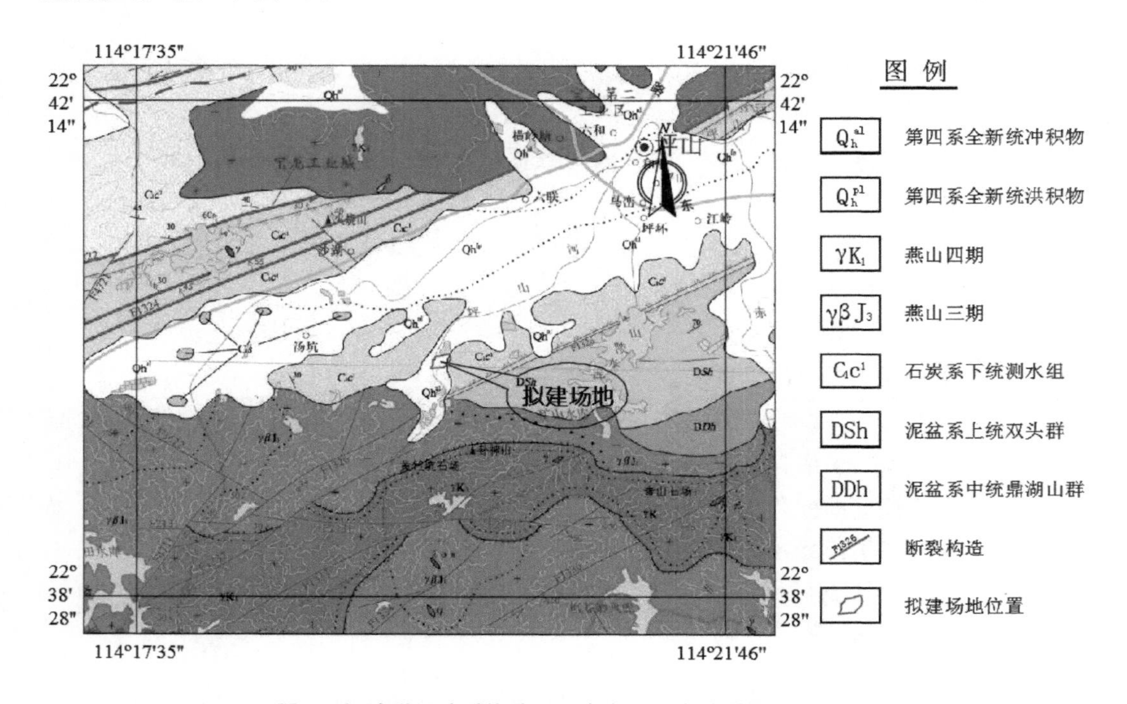

图 3　场地附近地质构造图（来自深圳市地质图 1∶5 万）

（2）钻孔印证。

本项目场地在基岩内发育断裂构造带，带内构造变质岩主要为断层泥、糜棱岩、中风化碎裂岩，其中碎裂岩的原岩为砂岩、石灰岩。由于该断裂构造带完全隐伏于地下，未见出露，因此根据场地内钻孔揭露构造岩的情况，推测其影响宽度约 130 m，走向约南东 80°，倾向北东 10°，倾角 35°～60°。

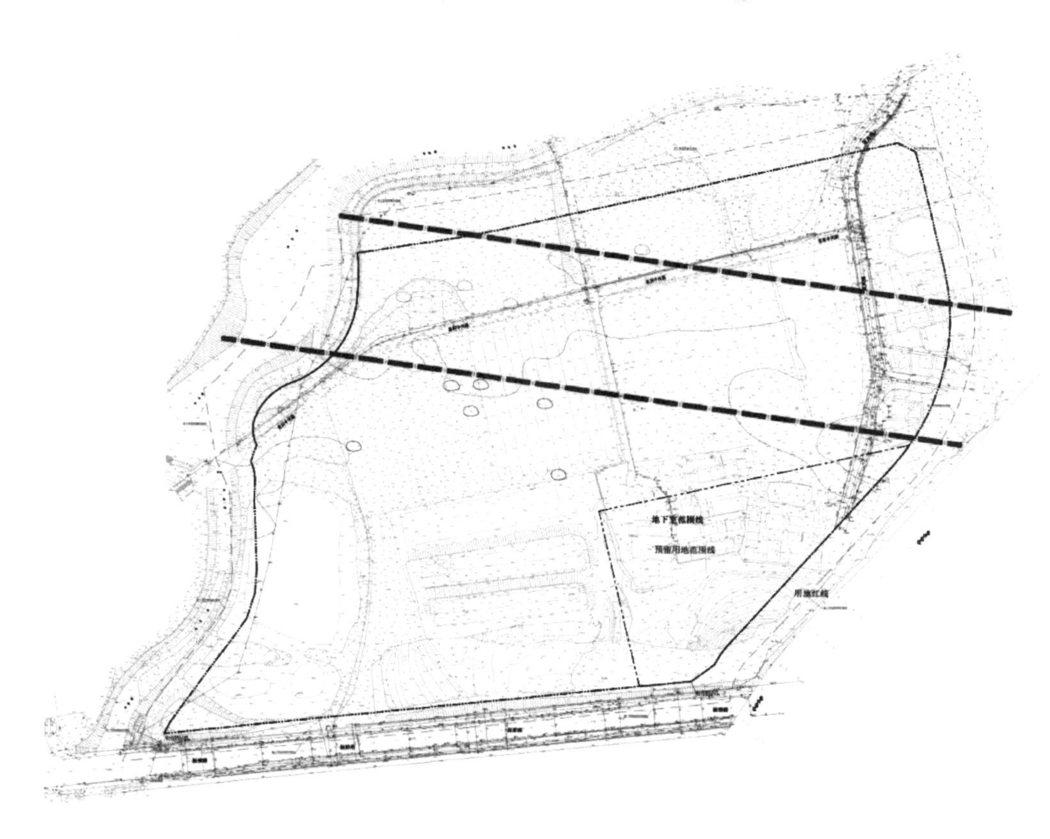

图 4　推测断裂构造带走向

（3）室内试验与多种原位测试相互印证。

场地断裂带分布范围较大，且影响深度较大，对基础选型和施工有极大的影响。针对此特殊情况，选取 6 个有构造变质岩分布的钻孔，增加了旁压试验和静力触探试验。

断裂带的岩土物理力学性质指标采用室内试验结果、标贯试验结果、旁压试验静力触探试验结果综合确定。

3.3　基础选型动态分析

本项目基础选型建议采取动态的比选方式。

（1）基础选型分析（第一次）。

本场地分布大量砂岩硬夹层（共计 126 孔发育有夹层，大部分钻孔发育多个夹层）、岩溶中等发育（共 126 个钻孔揭露石灰岩，其中 19 个钻孔揭露有溶洞，揭露溶洞钻孔约占揭露石灰岩地层钻孔总数 15.1%）。根据以上原因，前期基础分析没有考虑管桩，主要建议采用旋挖灌注桩、天然基础和地基处理方案。

地基基础选型分析采用逐栋分析的方法，结合钻孔地层资料，综合考虑建筑物的结构特点、荷载要求、设计正负零或地下室底标高处的地层情况、软弱土层及硬夹层的分布、岩溶发育条件、稳定持力层的埋深、地下水分布等，提出每栋建筑物的基础选型和持力层建议，详见表2。

表2　基础选型分析一览表

建筑物名称	基础选型建议	综合分析
1A教学楼、1B教学楼 2A宿舍、2B宿舍、2C宿舍 3A宿舍、3B宿舍、3C宿舍 4A教学楼 5A宿舍、5B宿舍、5C宿舍 6B教学楼、7#图书馆、8A剧场	桩基础，以中风化砂岩⑥4、微风化砂岩⑥5或稳定微风化石灰岩⑦作为桩端持力层，成桩方式可以采用旋挖桩或钻（冲）孔灌注桩	基底分布有人工填土、淤泥质黏土等软弱土层，不满足设计承载力要求；岩溶强发育，存在砂岩硬夹层，且填土、淤泥质黏土、与灰岩接触带的软塑～流塑状含碎石粉质黏土等存在负摩阻，中、微风化岩面埋深浅预应力管桩成桩困难，承载力有限
1C教学楼 4B教学楼、4C教学楼 6A教学楼、6C教学楼 7#行政办公楼 8B报告厅、9#体育馆	天然地基浅基础，粉质黏土②1、粉质黏土⑤或以下地层作为基础持力层	基底土层可满足天然地基承载力要求
运动场1、运动场2、绿地	采用CFG桩、高压旋喷桩、水泥搅拌桩等处理方式对人工填土进行处理，以处理后经检测符合设计要求的人工地基作为持力层	基底分布有人工填土、淤泥质黏土等软弱土层，不满足设计承载力要求

（2）基础选型优化（第二次）。

由于本项目工期极其紧张，采用灌注桩基础可能无法满足工期要求。结合场地地质条件和拟建项目特点，我公司同参建各方沟通协商，考虑预应力管桩的可行性，提出在砂岩区域进行预应力管桩试桩的建议，并补充提供了预应力管桩的建议参数。

根据建议，施工单位于2021年5月在砂岩区域现场试压3条钢筋混凝土预应力管桩，均可满足设计要求，未出现异常情况。结合试桩结果，参建各方经过讨论，对原来建议采用灌注桩基础的建筑物，增加预应力管桩基础选型建议。

（3）基础选型修正（第三次）。

详勘结果显示，岩溶区域微风化岩面起伏大，局部区域微风化岩面埋深较浅，场地岩溶中等发育，部分建筑物所处位置岩溶见洞率很高，设计采用预应力管桩多桩承台方案。考虑到可能存在的不利因素，为确保工程的稳步推进，我公司建议在不影响其他区域施工的前提下，对岩溶区域每个承台进行不少于1个钻孔的施工勘察，同时，对岩溶区域亦应进行试桩，验证可行性。建设单位采纳了建议。

试桩结果显示，试压2根预应力管桩都出现了断桩。施工勘察结果显示，教学楼区域柱下见洞率超过了70%，属于岩溶极发育地段。根据试桩和施工勘察结果，我公司同设计单位讨论协商，将基础选型方案修正为摩擦预制管桩桩筏基础，并于2021年8月5日组织召开了专家会，5位专家一致同意通过了该方案，并提出进行地基变形验算、控制桩间距、对土洞和浅层溶洞进行处理的建议。

另外，我公司在该项目基础施工阶段，安排专人全程跟踪，对项目的顺利推进起到了至关重要的作用。

3.4 地质条件对桩基施工质量的影响

项目整体采用预应力管桩基础，考虑场地的地质条件，管桩基础施工应具有以下针对性：

（1）为防止地下水的影响，桩端应采用全封闭的桩头；

（2）严格控制桩尖和桩间的焊接质量；

（3）在岩溶区域采用短管桩，定桩长，不需要焊接；

（4）施工完后需保证充分的时间之后才能进行静载实验。

4 评议与讨论

坪山高中园项目规模大，地质条件、水文条件、环境条件复杂，属于勘察难度非常大的项目。

在项目开展过程中，采用多种试验测试手段，对地层参数和基础选型进行动态分析复核，精准地查清了场地的地质条件并提供了合理精确的地层参数；通过抽水试验、分层测水位取水、建立长期的水位观测孔等手段进一步查明了场地的水文地质情况；通过合理合规的勘察方式保护了周边环境条件。

通过对场地岩石鉴定分析、断裂带分析、基础选型动态分析和地质条件对桩基质量的影响分析，全面解决了本场地主要地基基础问题，整个项目基础施工比预计工期提前4个月左右，基础投资比预计节约1亿元左右。该项目具有一定的典型性和良好的学习价值。

参考文献

[1] 王贤能，邹辉，柳书秋. 岩溶塌陷区刚性桩复合地基技术应用[J]. 中国地质灾害与防治学报，2007（4）：60-65.

[2] 深圳地质编写组. 深圳地质[M]. 北京：地质出版社，2010：310-384.

[3] 中国建筑科学研究院. 建筑地基基础设计规范：GB 50007—2011[S]. 北京：中国建筑工业出版社，2012.

联系方式

李剑波，1986 年生，高级工程师，主要从事岩土工程勘察、设计与施工研究工作。

电话：13922881556；地址：广东省深圳市罗湖区深南东路 1108 号福德花园 A 座 3 楼。

邮箱：472202254@qq. com。

谯志伟，1995 年生，助理工程师，主要从事岩土工程勘察、设计与施工研究工作。

电话：15816861235；地址：广东省深圳市罗湖区深南东路 1108 号福德花园 A 座 3 楼。

邮箱：934180411@qq. com。

云南金鼎锌业渣库渗滤液污染治理环保问题

周伟军

【内容提要】云南金鼎锌业有限公司一冶炼厂渣库渣体渗滤液产生了渗漏现象。本工程搜集资料分析渣库的水文地质特征，进行了取样检测、水文地质试验和水文地质三维模拟，确定了地层的水文地质参数、渗滤液污染途径及污染范围。率先采用了表面防渗+降水井+止水帷幕+深层气压式竖向排渗系统构成的主动防渗体系，达到了在防渗等级无法满足防渗要求情况下的最理想效果。

1 工程概况

云南金鼎锌业有限公司一冶炼厂渣库位于八一工业园以北，剑兰公路（S318）K57+360 m处，隶属兰坪县通甸乡黄木村，南侧紧邻一冶炼厂厂区。渣库原始地形为小型凹谷，三面环山，东面初期坝坝体为黏土碎石坝，坝体长 180 m，宽 4 m，环评设计库容为 53.9 m^3。据业主提供的资料，渣场作“三防处理”，截至 2019 年 10 月，库内堆存浸出渣量 32.7 m^3，约 55.65 万吨，现已停止堆放。渣库渣体渗滤液产生渗漏现象，为防止污染，对其安全环保隐患进行治理（图 1）。

图 1 渣库及一冶炼厂场地卫星图

2 工程及水文地质条件

2.1 地形地貌及周边环境

渣场堆场处于通甸镇南部，场地地貌上处于通甸～上兰盆地中西部边缘，西高东低的缓坡地带。场地西面为高山，东面即为兰坪县主要作物基地之一“兰坪盆地”。北面为山脊，场地南部为冶炼厂区，渣场原地貌为山前坡洪积扇，渣场下游呈“喇叭口”状分散，地表分水岭不明显，仅初期坝左肩存在较薄山体，且相对高度不大，地形地貌对渣场下游防渗较为不利。

渣库周边环境：黄木水库西北侧距离场地约 1 km，为下游主要灌溉水源，与渣场场地仅一山之隔，水库水体目前水质良好，无明显污染迹象；黄木村位于场地北侧，村庄规模较大，人口密集，为本次污染治理的重点保护目标之一；东侧紧邻盆地及白石江支流坡脚河，盆地村落密集，人口众多，坡脚河为兰坪盆地南段主要灌溉水源，为本次污染治理的另一重点保护目标。兰坪盆地为兰坪县主要农产品基地，为渣场周边的环境敏感对象，也是本次污染治理的重点保护对象（图 2）。

图 2　渣库场地处理前三维地形图

2.2 区域水文

渣库所在的兰坪县气候属于低纬山地季风气候，形成典型的垂直分布的立体气候带。年平均降水量为 1002.4 mm（河谷为 620.1 mm），年平均降雨 158 天，5 月下旬进入雨季，10 月中旬结束。多年平均降雨量为 438.7 mm，其中 8 月份最高，为

208.9 mm，10 月份最少，为 81.8 mm。极端降水最大雨量为 1223.5 mm（1979 年），日最大降水量为 100.2 mm（1989 年 9 月 28 日 24 小时内降雨量）。

渣场场地区域位于澜沧江支流通甸河与白石江支流坡脚河的分水岭地带，两条河流源头均位于场地北侧的黄木村附近，通甸河由南向北经老君山西麓盆地流向澜沧江，坡脚河由黄木村发源，由北向南经场地东侧流向白石江，根据地形地貌特征及本次勘察结果，渣场影响范围主要在坡脚河流域内。上述河流的分布图如图 3 所示。

图 3　地表水系分布图

2.3　地层岩性

（1）第四系人工堆积层（Q^{ml}）。

人工填土①：杂色，主要为渣场坝体填土、渣场卸渣点填土以及路基回填土。层厚 0.8～11.0 m。

尾粉质黏土①$_{-1}$：褐色、棕褐色。层厚 1.3～15.3 m。

尾粉质黏土①$_{-2}$：褐色、棕褐色。层厚 2.9～5.2 m。

尾粉质黏土①$_{-3}$：褐色、棕褐色。层厚 3.0～14.0 m。

（2）第四系坡洪积（Q^{dl+pl}）粉质黏土②：褐红色，不均匀含 10%～30%砾石、碎石。层厚 1.2～18.3 m。

（3）下第三系下统（E_1y）。

下第三系下统（E_1y）强风化巨砾岩③：灰黄、浅黄色，岩芯呈半岩半土状。层厚 2.2～37.9 m。

下第三系下统（E_1y）强风化泥岩③$_{-1}$：灰色、灰黑色，该层在场地局部地段以透镜体或夹层出现。层厚 1.1～21.3 m。

下第三系下统（E_1y）强风化砂砾岩③$_{-2}$：灰黄、紫红色，节理裂隙极发育，呈半岩半土状。层厚 0.9～30.8 m。

（4）三叠系上统三合洞组上段（T_3s^2）板岩。

灰黑、黑色，泥质结构，以泥钙质胶结为主，板状构造，轻微变质，该层埋深普遍较深，按其风化程度不同分为强风化、中风化两带。

强风化板岩④：层厚 3.6～13.8 m。

中风化板岩⑤：岩石质量指标 RQD 值介于 80～85。揭露层厚 4.2～15.7 m。

典型工程地质剖面见图 4。

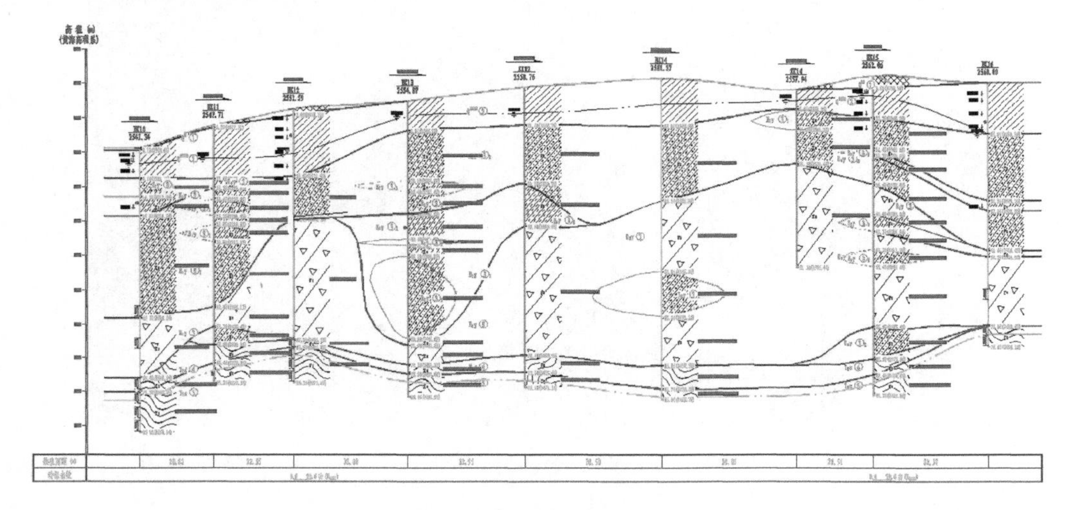

图 4　典型工程地质剖面

2.4　水文地质条件

场地的地下水划分为上层滞水、碎屑岩类孔隙裂隙水、基岩裂隙水三种类型。

上层滞水主要赋存于渣库矿渣及坡残积粉质黏土内，渣库内浸滤液属于该层地下水，以渣库底部的防渗黏土层及粉质黏土层作为其相对隔水层，其水量不大，主要接受降雨补给，其水位受降雨影响变化明显。但渣体内该层地下水由于黏土防渗层存在，其排泄条件较差，地下水位较高。

碎屑岩类孔隙裂隙水主要赋存于下第三系下统云龙组（E_1y）砂砾岩、巨砾岩层以及局部风化裂隙发育强烈的三合洞组强风化板岩中，该层地下水以三合洞组黑色板岩作为相对隔水层。主要为孔隙裂隙潜水，水量不大，主要接受大气降水入渗及上层滞水下渗补给。该层地下水化学类型为 HCO_3-Ca-Mg 型，矿化度为 0.1～0.3 g/L。渣库内由于库底黏土防渗层的存在，大气降水及上层滞水下渗补给的水量有限，主要接受上游碎屑岩类孔隙裂隙水径流补给。其水位受地层岩性、地貌及补给条件制约，变化较大。渣库内的浸滤液下渗补给地下水后主要沿该层地下水向下游径流产生污染，因此，该层地下水的处理为后期污染治理的重点。

基岩裂隙水主要为层状岩类裂隙水，含水岩组主要为三叠系上统三合洞组黑色板岩，稍具承压性，岩体裂隙发育程度一般，地下水主要赋存于风化裂隙及片理构造中，富水性弱，埋深较深。主要由上游山坡向沟谷以散流、隐流的形式补给，沿岩体风化裂隙及片理构造中水平径流。该层地下水化学类型为 HCO_3-Ca-Mg 型，矿化度为 0.07～0.25 g/L。

3 渣库渗滤液污染主要工程问题

金鼎锌业一冶炼厂渣库浸滤液下渗污染问题属于历史遗留问题，需要解决的主要工程问题包括：

（1）岩土层的分布特征及其物理力学性质、渗透性指标；

（2）渣库内渣体及初期坝的稳定性；

（3）地下水、土的污染范围和污染深度及其污染程度，地下水、土壤环境现状评价；

（4）地下水含水层、隔水层、相对隔水底板、渗流场及渣库内浸润线分布；

（5）地下水污染的主要原因及其渗漏通道；

（6）污染治理和管控方案。

4 渣库渗滤液污染治理分析

（1）渣库所在场地位于山麓与冲积盆地交接地带，场地地层岩性极为复杂，坡洪积覆盖层、强风化巨砾岩、砂砾岩厚度均在 50 m 以上，且分布极为不均匀，风化差异较大，作为稳定隔水底板的中风化板岩埋深普遍在 70 m 以上，最深处可达 90 m 以上，钻探和水文试验难度较大。

（2）渣库建成投产于 20 世纪 90 年代，库底防渗、排渗及渣库表面的雨污分流等设施不完善，仅有的少量原有设施年久失修基本无法正常运转等等一系列因素导致渣库内浸滤液外渗，加之地形地貌的特殊性，造成渣库的浸滤液从多个不同方向对周边造成了污染渗漏，要查明其污染范围及深度，工作量很大。

（3）渣体渗透系数低，渣库排渗设施不完善，库内浸润线很高，低洼地段甚至出现上游渣体浸滤液渗出，在渣体表面形成明流，导致渣体表面沼泽化，大部分渣体处于饱和状态，严重影响到渣体和初期坝的稳定性。若在表面防渗完成后再进行渣体浸滤液排渗，将导致渣体大面积沉降，造成表面防渗设施和渣体内排水暗涵损毁。迫于工期紧张，如何在表面防渗施工前对渣体进行快速有效的降水排渗也是本工程的一大难点。

（4）由于隔水底板埋深较深，导致止水帷幕施工难度增大，且中风化板岩及施工后的止水帷幕的透水率均无法满足固体危废填埋防渗等级要求，采用何种污染防治与管控方案才能经济合理地解决本工程的问题也是项目的研究课题。

5 渣库渗滤液污染治理方法

（1）分析区域工程地质及水文地质、气象、原始地形、建库设计施工资料，明确水文地质单元，绘制出分水岭界线；重点调查渣库周边及流域范围内的地表水体、泉眼的分布特征，并对其水土取样，检测典型污染因子的浓度，分析其变化规律，初步判断水土体可能的污染范围的平面分布和主要污染途径（图 5、图 6）。

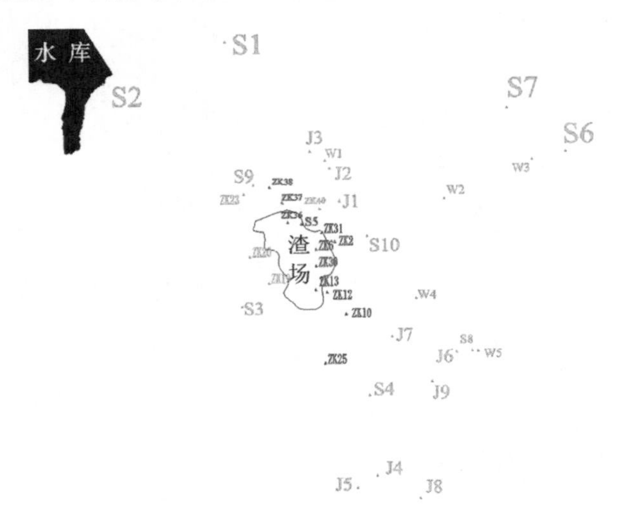

图 5　污染情况平面展布图

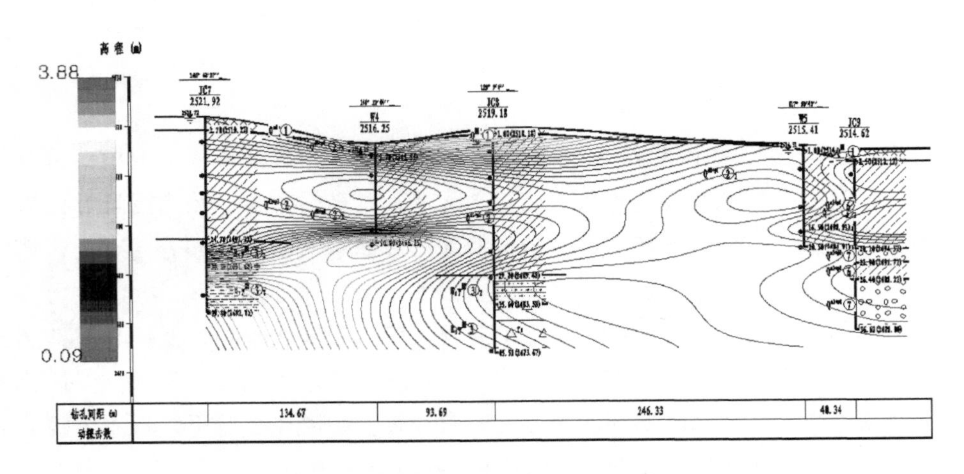

图 6　典型污染元素铬垂向变化剖面

（2）工程地质钻孔兼作水文地质钻孔，由于需进行水文试验，所有钻孔不可使用泥浆护壁，对于垮孔严重的钻孔，均采用跟管钻进，所有钻孔下管作为动态水位观测井，以收集大量地下水水位动态变化资料，为后续地下水三维数值模拟提供数据支撑。下管时，花管下至中风化板岩层后方可拔出套管。

根据揭露的地层合理安排水文地质试验：地下水位以下的覆盖层及强风化砂砾岩、巨砾岩层采用抽水试验，确定其渗透系数并初步估算单孔涌水量；地下水位以上的覆盖层及强风化岩层采用常水头注水试验确定其渗透系数，地表覆盖层进行少量渗水试验进行渗透系数验证；渣库内渣体、可采取到原状土试样的土体均取样进行物理力学试验以及渗透性试验，以供现场试验对比参照；强风化岩层及中风化板岩采用压水试验确定其透水率，通过透水率估算岩体的渗透系数。将所有试验成果绘制成水文地质渗透剖面图，供设计及数值模拟使用（图7）。

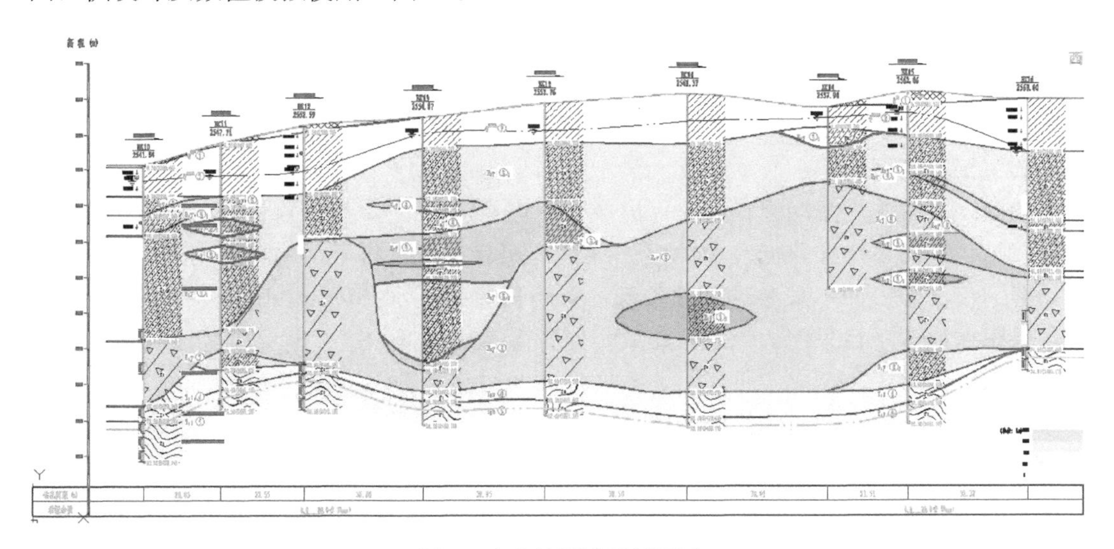

图7　水文地质渗透剖面图

（3）根据现场条件，在可能渗漏途径的上游选择示踪剂投放点，下游选择接收点，进行示踪试验。从而验证渗漏途径地下水的流向，确定地下水的流速以及渗漏通道的连通性。

（4）根据现场钻探揭露的地层、取样检测试验、原位试验、动态水位观测等得到的数据进行地下水三维数值模拟，以绘制出地下水流场图并以渣库内渣体为污染源进行污染成分溶质运移模拟，以推算出渣库浸滤液的污染途径、污染范围及污染深度等关键数据，为后续提出污染治理和管控方案提供数据支撑（图8）。

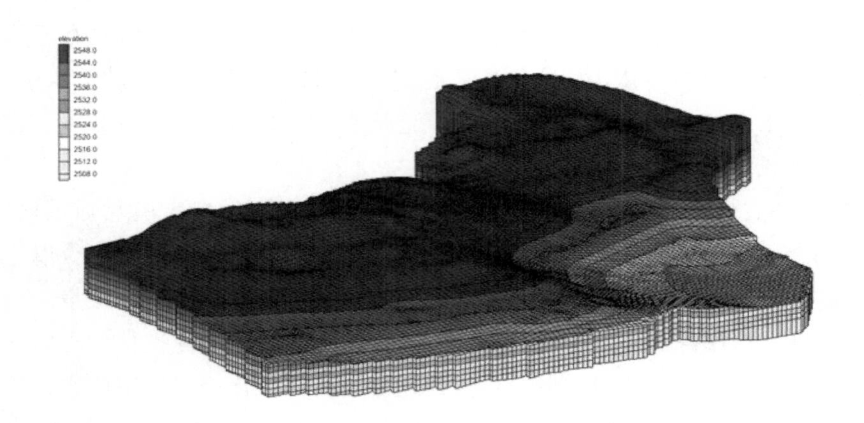

图 8　地下水三维数值模拟模型

（5）由于渣库防渗等级要求较高，普通的止水帷幕被动防渗无法解决该工程所面临的污染问题，本项目率先采用了表面防渗＋降水井＋止水帷幕＋深层气压式竖向排渗系统构成的主动防渗体系，达到了在防渗等级无法满足防渗要求情况下的最理想效果。该体系的主要理论依据如下。

勘察期间渣体内浸润线很高，污染成分很容易随地下水（浸滤液）下渗造成进一步污染，阻止降雨下渗并降低渣库内浸润线（理想状态下，排干渣体内水分），是渣库处理的第一步。但渣体本身渗透系数较低，采用普通的降水井降水，其降水周期非常长，且效果很差，本项目采用的深层气压式竖向排渗系统在低渗透性地层中可以实现快速有效的降水，缩短了工期。

地下水污染防治的具体措施为降水井＋止水帷幕，根据查明的主要渗漏通道，沿线设置长 1.4 km 的止水帷幕，帷幕底部深入中风化板岩不小于 2 m。再在渣库范围设置 6 口深层降水井，再采用自动抽水装置使渣库内的潜水地下水位始终低于止水帷幕外围水位，形成反向水力坡度，防止地下水外流，同时帷幕墙本身渗透系数达到 10^{-6} cm/s，降低了抽水量。

图 9　治理后实景图

6 评议与讨论

（1）强风化地层孔壁完整性较差，压水试验时，阻水气囊止水效果不好，试验往往难以成功，可从如下几方面着手排除干扰：适当缩短试验段长度；适当降低水压或增加气囊数量；试验段尽量做到一次性成孔，避免扫孔；钻进至试验段深度马上开始试验，不要钻孔完成后再做，避免垮孔和试验段底部无需阻水气囊，减少试验误差或试验失败的可能性。

（2）对于没有确切渗流通道的低渗透性地层，示踪试验不仅周期长，示踪剂投放剂量巨大，而且试验往往难以成功，可以考虑选取有代表性的地段进行弥散试验，也能获取想要的参数。

（3）本项目由于工期紧张，预先做好了表面防渗，后期降水时引起了大面积沉降以及局部的不均匀沉降，导致防渗膜及排水沟拉裂严重。后续类似工程中应先做好排水固结再进行地表施工，欠固结地面施工应尽量采用柔性材料，并预留伸缩冗余，大面积混凝土设置伸缩、沉降缝。

（4）本项目所采用的污染治理措施虽从理论上解决了污染液外渗，但仍存在如下不足：一是由于止水帷幕并没有包围整个渣库，其实际防渗效果还需要进行长时间观察确认，且正因为上游没有止水帷幕，导致降水井抽取的地下水处理量较大，处理成本较高；二是防治体系将保持永久运行的状态，包括降水井的自动抽水系统以及抽取出的地下水需要进行污水处理，长久来看运行成本偏高；三是止水帷幕外围已经被污染的水土体并没有得到妥善处理，只能通过长时间自然净化。上述问题仍是今后研究的方向。

参考文献

［1］云南金鼎锌业一冶炼厂渣库安全环保隐患治理工程地质及水文地质勘察报告［R］. 中国有色金属长沙勘察设计研究院有限公司，2020.

［2］尚银生，皇甫红旺. 地下水流数值模拟理论方法及模型设计推介［J］. 工程勘察，2014（12）：49-51.

［3］马池香，秦华礼. 基于渗透稳定性分析的尾矿库坝体稳定性研究［J］. 工业安全与环保，2008（9）：32-34.

联系方式

周伟军，1989 年生，工程师，主要从事岩土工程勘察、水文地质勘察工作。

电话：15274815646；地址：湖南省长沙市雨花区振华路 579 号康庭园 1 栋 101 号 1613 室。

邮箱：745732323@qq. com。

广西平果铝厂赤泥堆场淋洗水收集池岩溶渗漏问题

姚承余

【内容提要】距离平果铝赤泥堆场淋洗水收集池下游约 600 m 的 S36 地下河流动天窗出现赤泥回水 pH、强碱等水质因子含量超标，通过对赤泥堆场与其回水池建设、运营情况以及回水池区域地质与水文地质、回水池地勘资料研究分析判定渗漏点在回水池，对回水池的赤泥回水进行抽干排查，发现了疑似漏点，采用在线自动监测荧光示踪仪（GGUN－FL30）进行示踪试验，验证了疑似漏点为引起 S36 水点水质超标的渗漏点。对渗漏点进行试堵处理后的 S36 水点的 PH 等水质因子回到了本底值，从而进一步验证了该渗漏点为回水池目前存在的发生渗漏的点。

1 工程概况

赤泥堆场均设置有回水系统来收集堆场汇水区域的降雨，回水系统主要包括排水井（或斜曹）、排水管（或隧洞）、回水池、回水泵等设施。由于赤泥成份中含有 NaO_2，雨水经过赤泥面时不可避免的因洗涤和冲刷赤泥表层而带碱，故从堆场内出来的回水全部为含碱污水，赤泥堆场回水中主要超标污染物指标为 pH、强碱、氯化物、硫化物、钠、铝、氟化物、溶解性总固体、悬浮物等[1]，正常情况下需返回氧化铝厂工艺流程使用，不能直接排放。

平果铝氧化铝厂坝场站赤泥堆场淋洗水收集池（简称“回水池”，下同）有效容积为 7.0 万 m^3，主要收集三期 130～148 m 即三级、四级和五级子坝边坡淋洗水、2＃预留地干堆场内以及所有子坝边坡淋洗水。赤泥回水为强碱（pH≥12）溶液，若未经处理，一旦泄漏势必会对下游地下水产生危害。

平果铝赤泥堆场淋洗水收集池下游约 600 m 的 S36 地下河流动天窗水点（图 1）发现地下水的 pH、碱等水质因子严重超标且 pH、碱、铝、钠等水质因子与赤泥回水相关离子的含量相近，经多次现场勘察和取水样分析，综合赤泥堆场与其回水池建设、运营情况以及回水池区域地质与水文地质、回水池地勘资料，初步认为有很大可能是回水池发生渗漏[2]，找出和验证发生渗漏的渗漏点这一应急工作关系到赤泥堆场的正常运行、对周边地下水影响范围和程度，同时对发生泄（渗）漏后如何及时有效应急处置具有决定性影响，也是企业能否生存、绿色发展的大计。

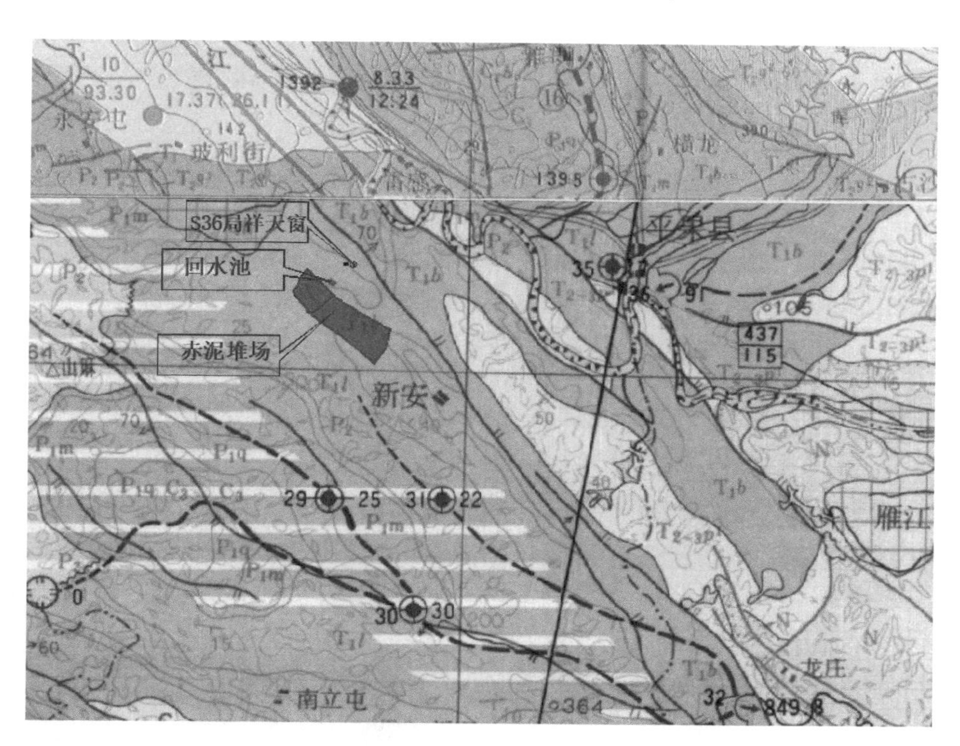

图 1　S36 地下河天窗与回水池位置示意图

2　渗漏点查找思路

（1）分析赤泥堆场地区工程地质勘察、水文地质勘察和监测工作资料，研究堆场回水池地区岩溶含水系统的含水特性、地下水的补径排规律和地下水动态特征，结合赤泥堆场与回水池建设、运营情况以及回水池地勘资料综合研讨分析渗漏点可能发育的位置。

（2）回水池没有相应的地下水长期监测井，开展工作时需进行回水池监测井的钻探工作。

（3）抽干回水池回水，寻找回水池池底可能存在的疑似漏点，对疑似漏点采用在线自动监测荧光示踪仪（GGUN－FL30）进行示踪试验。

（4）通过示踪试验，查明回水池与局祥地下河天窗间的地下水水力联系，查明局祥地下河天窗间水点 PH 水质因子的超标与回水池是否渗漏存在联系以及渗漏点位置、渗漏类型、途径。

（5）对示踪试验验证确定的渗漏点进行试堵，然后进行取水分析及示踪试验，进一步确认该渗漏点是否为回水池目前仅存在的渗漏点。

3 地质与水文地质条件

3.1 地形地貌

回水池位于溶蚀准平原地貌区内，回水池与S36地下河天窗间地势开阔、地形较平坦，地势由南西向北东右江方向倾斜，回水池场地原始地貌标高介于104.10～105.70 m，回水池池底标高为99.00 m，池顶标高为104.50 m。

3.2 地层岩性

场地以裸露型岩溶为主，土层仅分布于低洼地段，并充填于溶沟和溶槽之中，基岩以下为三迭系北泗组中段（$T_1b_2^1$）的白云质灰岩（图2）。

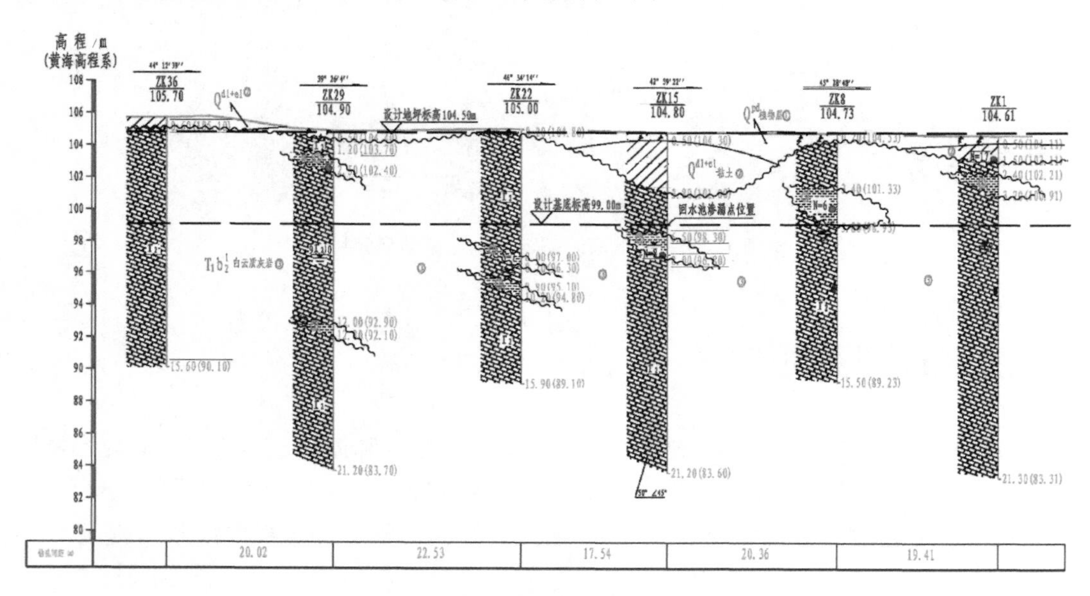

图2 典型地质剖面图

3.3 地质构造

回水池地质构造受区域构造的控制，主要构造线的走向为北西—南东向，位于局祥复式背斜南西翼，为单斜岩层，岩石产状为220°∠15°，地质构造以右江南西主干大断裂构造为主。

3.4 水文地质条件

从区域上分析，回水池处于地下水的径流区，主要以下三迭系北泗组白云质灰岩为其含水体。堆场回水池场地内的地下水按其埋藏特征可划分为两层，第一层为包气带中的上层滞水，主要赋存在岩土交界部位，其水量不大，且季节性变化大；第二层为岩溶裂隙水类型，主要赋存于基岩中，以溶蚀洞隙为径流通道，受气象因素影响变化明显，该层中发育的泉及地下河流量一般大于 30 L/s。

对回水池周边的监测孔、S35 有水天窗和 S36 地下河流动天窗水位进行观测，水位变幅一般为 5.00～15.00 m（相当于标高为 94.00～102.00 m），枯水期与丰水期的水位变幅可达 10.00～14.00 m。

回水池地下水补给主要来源一是大气降水直接补给，二是上游西北与西南峰丛区的岩溶水补给。回水池局部地段灰岩裸露，岩溶发育，降雨通过漏斗、落水洞、岩溶裂隙、溶井等岩溶发育通道补给地下水，降雨较小时，雨水以垂直入渗的方式补给地下水，降雨较大时，则形成小规模地表流，汇集在落水洞中注入地下，或汇集于地表低洼处形成短暂地表积水后再入渗地下。回水池地貌为溶蚀准平原地貌区内，地势相对平缓，处于区域地下水的径流区内，地下水径流通过网络状裂隙或管道运动，径流趋势向东北、东南方向呈网络状运动，最终向右江排泄[3]。回水池区域地下水主要以以下两种方式排泄：一是被工业园区某个公司抽取作工业用水；二是通过岩溶管道、岩溶裂隙继续向下游右江排泄（图 3）。

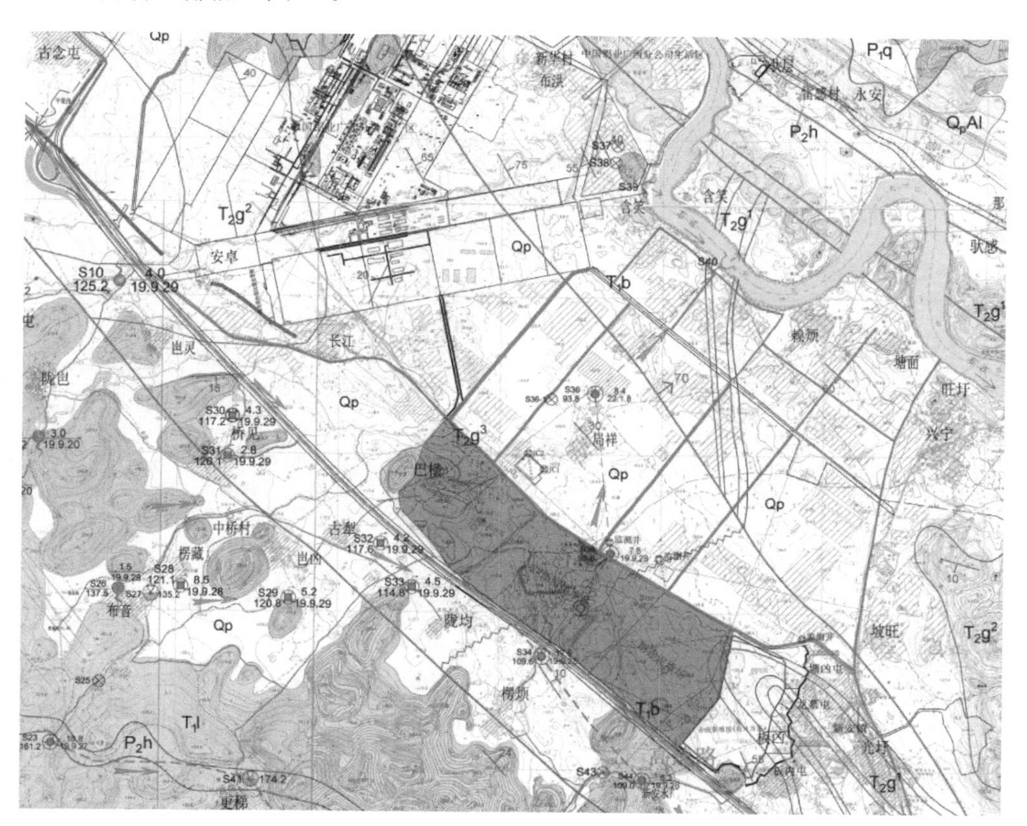

图 3　堆场回水池区域水文地质图

4　岩溶特征

回水池钻孔岩溶遇洞隙率为52%，线岩溶率为5.5%，回水池场地岩溶发育程度属中等发育，场地发育的岩溶形态有溶洞、溶蚀裂隙。

回水池在抽干回水后发现的漏点处于场地岩土工程详细勘察钻孔ZK15位置，ZK15设计池底下发育1.50 m的溶洞（图4），溶洞被可塑状黏土全充填。

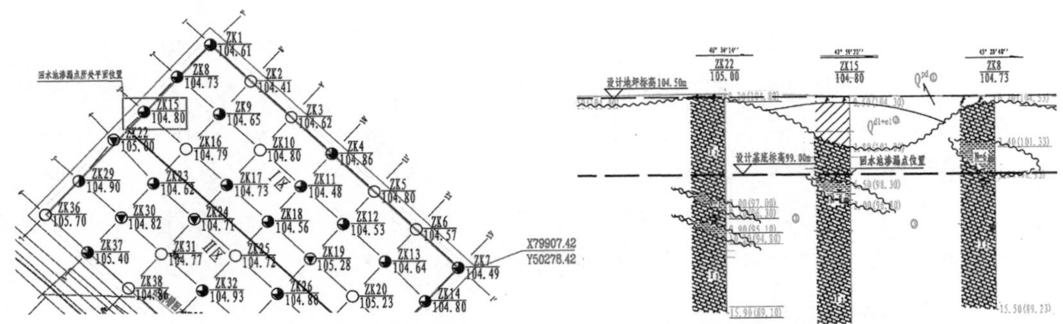

回水池渗漏点所处平面位置图（左）及其在场地详勘时的钻孔剖面图（右）

图4　赤泥堆场回水池渗漏点平、剖面图及位置照片

5　解决方案及效果

5.1　解决方案

回水池区域构造、岩溶发育，水文地质条件复杂。为查明回水池与S36局祥地下河流动天窗间地下水的水力联系特征，进一步确定回水池渗漏点与S36局祥地下河流动天

窗水力连通性、地下水流速与流向、岩溶地下水流场结构，在完成区域水文地质测绘和回水池 JC1、JC2 监测井钻探等工作后再进行回水池与 S36 局祥地下河流动天窗间地下水示踪试验。

在对回水池的回水抽干排查中，于 2021 年 12 月 31 日发现了回水池西北侧池底与池壁交界处有较明显的疑似漏点（图 5）。在示踪试验方案（采用在线自动监测荧光示踪仪）制定后，于 2022 年 1 月 8 日 15 点 30 分进行了萤光素钠示踪剂的投放。

图 5　回水池疑似漏点的发现与萤光素钠试踪剂投放照片

本次示踪试验按试验目的，选择赤泥堆场坝场站回水池疑似渗漏点作为投放点，选择回水池下游一侧新钻探监测井 JC1、JC2 与 S36 局祥地下河流动天窗作为接收点(图 6)。

图 6　赤泥堆场回水池示踪试验布置示意图

5.2 过程及效果

（1）示踪试验数据解译

利用电脑读取数据记录器，由示踪剂回收浓度历时曲线看出：回水池渗漏点于2022年1月8日15点30分投放荧光素钠，到2022年1月9日凌晨1：30监测出荧光素钠浓度快速上升，历时10 h（图7、8）；于1月9日上午7：30到达峰值320.27 ppb，达到第一次峰值历时为15 h；随后下午4：15分出现第二波峰值，最高浓度为214 ppb，历时为24 h；随后开始逐渐下降到背景值，历时120 h后出现降雨，荧光素钠浓度被稀释，ppb值出现明显的下降，从投放后时间135 h和170 h可以明显看出，在两次降雨后，于2022年1月18日地下水中的ppb值保持在背景值不变，示踪实验结束。

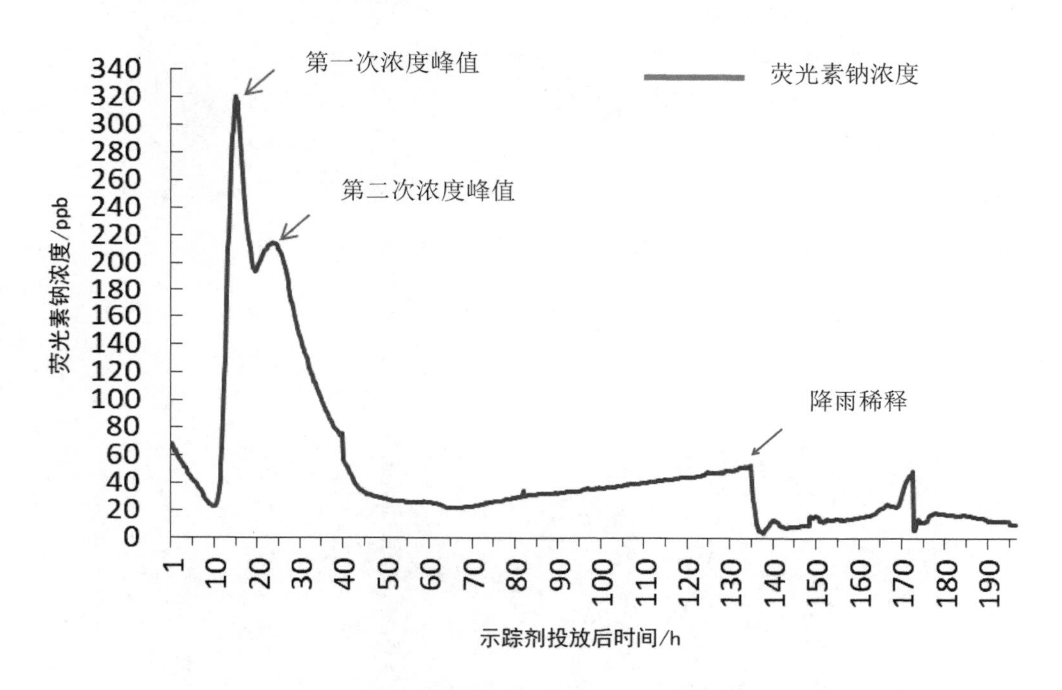

图7　局祥天窗地下河示踪剂回收浓度历时曲线

设备监测到的JC1和JC2监测井的两种示踪剂浓度均在背景值范围内。

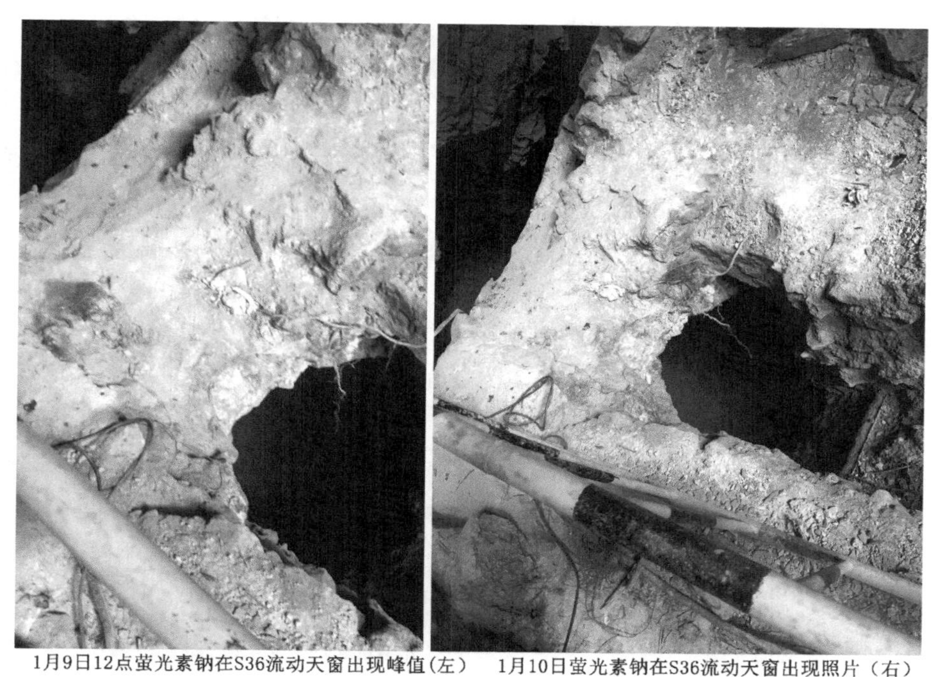

1月9日12点萤光素钠在S36流动天窗出现峰值（左）　1月10日萤光素钠在S36流动天窗出现照片（右）

图 8　S36 局祥天窗检测出示踪剂出现情况图

（2）地下水流速。

岩溶管道形态多变，地下水运移过程中其流态也发生变化，各空间点水流速度不相同，一般常用示踪剂出现峰值的运移速度来表征地下管道中水流平均速度。投放点与S36 局祥地下河天窗距离为 500 m，示踪剂峰值出现的时间为 15 h。利用公式 $V_{均}=L/t_{峰}$（式中：L 为长度；$t_{峰}$ 为到达峰值的时间）[4]，计算出地下水的平均流速为 33.3 m/h。

（3）示踪剂回收量和回收率。

S36 局祥天窗地下河流量在示踪试验期间流量约为 30 L/S，按该流量值来计算回收量，得出的回收率超过了 85%，可判断此地下河为回水池的主要排泄地段。

通过计算，由回水池到局祥地下河流动天窗示踪剂的回收量为 0.989 kg，1 月 8 日投放量为 1.1 kg，回收率高达 89.9%。

（4）岩溶地下水流场结构分析。

示踪剂浓度历时曲线的主要影响因素是地下河的结构特征，时间-浓度曲线出现的双峰个数即岩溶管道的条数。对于双管道，工程实例研究示踪试验时间-浓度双峰曲线形态。

本次示踪试验荧光素钠的时间-浓度曲线中出现 2 个孤立的单峰，岩溶主管道地下水径流路径短，溶质运移速度快，第一个峰值出现历时 15 h，在还没等到第一次峰值下降到背景值前，岩溶支管道示踪剂已经运移到接收点，但因到达时间较长，发生了弥散作用，后峰值较第一次峰值低，由此可以推断存在双峰叠加现象，回水池与局祥地下河之间存在两条岩溶管道，高峰值是主通道，低峰值为支流通道。

从计算出示踪试验的回收率可以看出，回水池到局祥地下河流动天窗连通性很好，示踪剂最终通过主通道和支通道往局祥地下河流动天窗汇合。

（5）渗漏点试堵后再验证。

通过对示踪试验验证确定的渗漏点采取混凝土试堵，混凝土用量为 15 m^3，一段时间后在 S36 天窗点再进行取水分析确定该点 pH 值等水质敏感因子回到本底值，确认了该渗漏点为回水池目前发生渗漏的点。

6 评议与讨论

（1）采用综合勘探方法，查明赤泥堆场回水池与局祥地下河天窗间的区域水文地质条件，从区域含水层结构、地下水系统分辨等角度重点分析区域的地下水补径排条件，确认回水池渗漏点与 S36 局祥地下河流动天窗具有明显的水力联系，为回水池渗漏点的查找提供了水文地质依据。

（2）回水池附近的两个监测井 JC1、JC2 都未监测到示踪剂浓度异常，其浓度都保持在背景值范围内，浓度分别在 1.5 ppb、0.9 ppb 左右，结果表明，回水池所发现的渗漏点与两个监测井位置之间无水力联系。

（3）回水池渗漏点在投放示踪剂后历时 10 h 就监测到示踪剂浓度上升，可见局祥地下河天窗与赤泥堆场淋洗水回水池连通性较好，赤泥堆场淋洗水回水池中的水较快地流到地下河中。通过对回水池渗漏点试堵后发现，局祥地下河流动天窗地下水的 pH 由原来的 12.5 下降到 8.0 左右，证明回水池投放萤光素钠的渗漏点为回水池目前存在的渗漏点。

（4）示踪试验期间赤泥堆场坝场站回水池渗漏点与局祥地下河流动天窗间的地下水平均流速为 33.3 m/h，地下水径流方向为东北方向，回水池的渗漏类型为裂隙管道型。

（5）赤泥回水池底板为 20 cm 厚的钢筋混凝土，池壁为块石堆石坝，在池底与池壁表面铺设土工膜后再上覆铺盖土工布，渗漏点位置处于池壁与池底交接处，该位置下方刚好发育视厚度 1.5 m 的溶洞，在施工时没有很好对存在的溶洞进行处理和对池壁与池底交接位置可能没有很好的设计处理防渗，加上赤泥回水对混凝土的强腐蚀性及池壁与池底因不同的建筑材料在运营过程中可能发生不均匀沉降等因素造成了本次渗漏。

（6）平果铝赤泥堆场的一、三期回水池的池底和池壁都为钢筋混凝土，从建设、运营至现在都没有发生渗漏，而本次发生渗漏的赤泥堆场淋洗水收集池（回水池）池底为 20 cm 厚的钢筋混凝土，而池壁为块石堆石坝，池底与池壁为不同的建筑材料，在运营过程中可能发生不均匀沉降，容易在池底与池壁交界位置产生裂隙引起防渗结构破裂发生渗漏。建议以后赤泥回水池池底和池壁在经济允许的情况下采用抗碱侵蚀的钢筋混凝土结构结合土工膜和土工布等防渗结构体系，同时在基建的时候要重视岩溶的处理。

参考文献

［1］王胜安．赤泥堆场回水处理方案的试验研究［J］．轻金属，2021（4）：15-18.

［2］中铝广西分公司赤泥堆场及其回水池与局祥地下河天窗专项水文地质勘探报告［R］．中国有色金属长沙勘察设计研究院有限公司，2022.

［3］杜长学．广西平南赤泥堆场地下水渗流特性试验与研究［J］．中国地质灾害与防治学报，2005，16（4）：74-78.

［4］邓振平，周小红，邹胜章，等．在线监测仪在岩溶地下水示踪实验中的应用-广西临桂县罗锦地下水示踪试验［J］．水资源保护，2009，25（2）：75-78.

联系方式

姚承余，1987 年生，工程师，主要从事工程地质与水文地质、岩土工程勘察工作。

电话：15078893165；地址：广西省南宁市西乡塘区科园东四路远信大厦 1216 号。

邮箱：1020016387@qq. com。

广州白云国际机场扩建工程详细勘察

田龙顺

【内容提要】广州地区勘察场地地质条件复杂，地层种类多，地下水丰富，并可能伴随强烈发育。机场勘察项目技术要求高，建构筑物结构复杂多样，变形控制严格。本文以实际工程案例阐述软土地区勘察报告编制过程中应注意的要点和可能存在的问题。

1　工程概况

广州白云机场扩建工程整个项目占地 13 km²，主要包括 2 号航站楼及空侧站坪、陆侧交通中心、第三跑道以及配套市政工程等。其中 2 号航站楼由主楼、北指廊、东五东六指廊、西五西六指廊及东西连接楼组成，地上均为 3 层，部分位置带夹层（四层），建筑高度 44.70 m，采用混凝土框架结构，屋面采用“钢网架＋桁架结构”，建筑面积 65.87 万 m²。2 号航站楼陆侧交通中心地面以上 3 层，地面以上建筑物总高度为 11.45 m；地面以下 2 层，地下室埋深约 9.00 m，采用混凝土框架结构，建筑面积 11.50 万 m²（图 1）。空侧站坪面积 1006400 m²。第三跑道长度为 3800 m，宽度 60 m，设置四条穿越跑道的滑行道，在跑道两端设置绕行滑行道，占地约 124 万 m²。拟建配套市政工程包括市政道路工程、桥梁工程及隧道工程，累计道路全长 8333.726 m，桥梁累计长 3366.767 m，隧道累计长 1215 m。

图 1　项目全景图

2 地质条件

本项目岩土种类多，很不均匀，性质变化大，岩溶强发育，地下水丰富且种类较多。其中岩土层多达 17 层，主要有六大类：

（1）第四系全新统人工填土层 Q_4^{ml}：杂填土①-1（层号，下同）、素填土①-2、素填土①-3；

（2）第四系全新统耕植土层 Q_4^{pd}：①-4；

（3）第四系冲积层 Q^{al}：粉质黏土②-1、淤泥质黏土②-2、黏土②-3、粉细砂②-4、中粗砂②-5、黏土②-6、砾砂②-7、圆砾②-8；

（4）第四系残积层 Q^{el}：黏土③；

（5）石炭系下统岩系 $C_{1\,dc}$：强风化碳质灰岩④-1、中风化炭质灰岩④-2、微风化灰岩④-3；

（6）土洞、溶洞及溶蚀充填物。

地下水种类多，分为上层滞水、潜水、承压水（基岩裂隙水、岩溶水）。上层滞水主要赋存于人工填土，水量受大气降水及周边生活用水影响大。潜水主要赋存于砂层中，水量丰富。基岩裂隙水主要赋存于基岩各风化带中，岩溶水主要发育岩溶地段，水量大小受基岩裂隙发育程度和岩溶发育程度控制，水量变化大。

3 主要岩土工程问题

（1）地基基础及地基处理：本项目包括 2 号航站楼及空侧站坪、第三跑道结构工程、陆侧交通中心以及配套市政道路工程、桥梁工程、隧道工程和综合管廊等。对地基承载力及沉降控制要求均较高，不同建（构）筑物要求各异。

（2）基坑支护选型：本项目陆侧交通中心地面以下 2 层，地下室长度约为372.8 m，宽约 177.5 m，主体基坑深度约为 9.0 m。隧道采用现挖后盖的方式，开挖深度 8 m 或 5 m。东侧管廊基坑深度为 15.17～5.50 m，西侧管廊 13.55～5.38 m。主要地层有杂填土、素填土、粉质黏土、砂土等类型，地下水位较高。基坑开挖机支护过程中可能出现坑壁坍塌、渗水，坑底隆起、突涌、流沙等现象，降水在支护设计中尤为重要。

（3）抗浮水位选取：抗浮水位的选取关系到地下室及基坑施工和使用过程中抗浮的安全性和稳定性。

4 岩土工程主要问题处理方案

(1) 地基基础选型及地基处理。

拟建项目建构筑物类型繁多，结构复杂多样，变形控制要求不一致。本项目充分考虑场地岩土工程条件及拟建建(构)筑物的结构和荷载特点，分别进行地基持力层选择、基础选型或地基处理建议（表 1）。

表 1 拟建建(构)筑物基础选型

建(构)筑物		设计概况及要求	(表层)岩土层情况及存在的问题	地基处理方式建议	基础选型	持力层选择
2号航站楼	主楼	3F，30.56 万m^2	地表广泛分布松散土层，软土零星分布。岩溶土洞发育，545 个钻孔，见洞隙率 32.6%，线岩溶率 4.5%	桩基穿越（钻/冲孔灌注桩），地表清换或压实。溶（土）洞采用抛填泥块或袋装黏土填充，溶槽或岩面倾斜时加入片石进行填充	桩基础	中风化炭质灰或微风化灰岩
	北指廊	3F，5.99 万m^2				
	东指廊	3F，5.08 万m^2	183 个钻孔，见洞隙率 24.6%，线岩溶率 4.3%		桩基础	微风化灰岩
	西指廊	3F，5.08 万m^2	196 个钻孔，见洞隙率 44.4%，线岩溶率 5.6%		桩基础	微风化灰岩
第三跑道结构工程	4#灯光站	1F，1062m^2 砼框架	表层为耕植土，结构松散，力学性能差	—	—	黏土
	5#灯光站	1F，1062m^2 砼框架	地表为杂填土、耕植土、淤泥质黏土，力学性能差，工后沉降大	桩基穿越	预应力管桩	强风化碳质灰岩
	消防分站	2F，1460m^2 砼框架	表层为杂填土，碎砖、碎砼等，松散，承载力低	—	—	粉质黏土
陆侧交通中心		地上 3F，高 H=11.45m；地下一2F，深 9.00m	各岩土层均有分布。地表杂填土、素填土、耕植土分布广泛，软土零星分布。岩溶土洞发育（246 孔，7 孔见土洞，109 孔见溶洞），见洞隙率 47.1%，线岩溶率 6.3%	桩基穿越（钻/冲孔灌注桩），地表清换或压实。	灌注桩	中风化炭质灰或微风化灰岩

续表

建（构）筑物	设计概况及要求	（表层）岩土层情况及存在的问题	地基处理方式建议	基础选型	持力层选择
空侧站坪	约 100.64 万m²	①素填土、杂填土、根植土； ②淤泥质黏土； ③土洞、溶洞多呈半充填状态，充填物多为软塑、流塑黏性土夹石英质砂	①清换或压实； ②深层搅拌法； ③土洞及浅层溶洞加固（灌浆、吹填砂充填＋后注浆），荷载影响范围外的溶洞可不处理	—	人工地基
道路	20 条 长 8.3km	地表为杂填土、素填土、耕植土、淤泥质黏土等，承载力低，沉降大	杂填土、素填土、耕植土、浅层淤泥质黏土采用换填；深层淤泥质黏土采用深层搅拌法	—	人工地基或粉质黏土及以下地层
桥梁	6 座 长 3.6km	覆盖层种类多，不均匀，性质变化大。且存在土洞、溶洞等，多为半填充，填充效果差	桩基穿越（钻/冲孔灌注桩）。溶洞及土洞采用抛填泥块或袋装黏土，必要时采用掺石块或片石的黏土充填	桩基础	中风化或微风化岩石
隧道（先挖后盖）	3 座 长 1.7km	杂填土、素填土、粉质黏土、黏土、粉细砂、中粗砂等。不均匀，松散层沉降大	—	—	中粗砂或粉质黏土
综合管廊	东侧管廊埋深 15.17～5.50m；西侧管廊埋深 13.55～5.38m	主要地层为中粗砂、黏土、粉质黏土和粉细砂，局部为素填土、淤泥质黏土，可能存在不均匀沉降	对素填土、淤泥质黏土采用换填或水泥土搅拌桩方式加固	—	天然地基或人工地基

（2）基坑支护措施。

详细勘察过程中，有针对性地布置了抽水试验，准确提供了中粗砂、砾砂层等强透水性地层的渗透系数、影响半径等水文地质参数。勘察报告根据基坑周边环境条件、岩土工程条件以及广州地区成熟工程经验，对基坑的支护、止水提出了切实可行的方案。

陆侧交通中心：地下室长度约为 372.8 m，宽约 177.5 m，主体基坑深度约为 9.0 m。地下室东、西侧为已建滑行道；地下室南、北侧较开阔。基坑侧壁地层为杂填土、素填土、粉质黏土、粉细砂、中粗砂及黏土，局部地段存淤泥质黏土。本工程基坑开挖深度较深，可考虑桩锚支护形式。由于本场地岩溶较发育，应避免周边环境地下水位剧烈变化，并且基坑侧壁及基坑底绝大部分的地段为饱和砂土，基坑涌水量较大。止水帷幕可以采用高压旋喷桩、水泥土搅拌桩等。坑内设置集水井、排水沟等，并应加强基坑周边变形及地下水位的监测。

隧道部分：拟建项目隧道采用现挖后盖的方式，“北进场路隧道”开挖深度约8.0 m，“到港大巴隧道”及“到港的士隧道”开挖深度约5.0 m。基坑侧壁自上而下主要地层为杂填土、素填土、粉质黏土、粉细砂、中粗砂及黏土。其中杂填土和素填土成分复杂，未完成自重固结；中粗砂呈饱和，透水性较强，自稳能力极差，开挖后极易坍塌，如不采取支护措施，在降水和外荷作用下将会产生大范围蠕变和滑塌的破坏模式。我公司建议采用桩锚或排桩＋内支撑的基坑支护形式。基坑侧壁及基坑底绝大部分的地段为饱和砂土，基坑涌水量较大，止水帷幕建议采用高压旋喷桩、水泥土搅拌桩等。基坑开挖时在坑内设置集水井、排水沟等，将坑内积水排除，并应加强基坑周边变形及地下水位的监测。

综合管廊部分：东侧管廊基坑深度为15.17～5.50 m，西侧管廊13.55～5.38 m。基坑侧壁自上而下主要地层为杂填土、素填土、粉质黏土、粉细砂、中粗砂及黏土，局部地段存淤泥质黏土。基坑开挖深度不均，周边暂无建（构）筑物，对开挖深度较浅处可考虑放坡＋土钉墙支护，对开挖深度较深处可考虑放坡＋钻孔灌注排桩＋内支撑支护。由于本场地岩溶较发育，应避免周边环境地下水位剧烈变化，并且基坑侧壁及基坑底绝大部分的地段为饱和砂土，基坑涌水量较大，为控制基坑内涌水量及地下水环境剧烈改变，基坑开挖前应采取可靠的地下水围闭措施。对基坑较浅处采用土钉墙支护的地段，可采取水泥土搅拌桩进行止水；对于排桩＋内支撑的地段，可采用高压旋喷桩进行桩间塞缝止水。基坑内可采用井点降水或集水明排，并应加强基坑周边变形及地下水位的监测。

（3）抗浮水位选用。

在保证安全稳定的前提下最大限度地为建设单位节省投资，根据勘察期间实测的最高稳定水位同时考虑场地地形地貌、地下水补给、排泄条件、场地附近道路标高等因素，并结合我司在附近场地多个工程的经验，以安全经济为原则，提出地下室抗浮设防水位及抗浮措施。

陆侧交通中心：勘察场地水位埋深浅，地下水量丰富，应考虑地下水对（建）构筑物的浮托作用。本工程地下水位高于地下室底板，故地下室应进行抗浮验算，防止地下水浮力过大造成上部结构上浮、地下室底板隆起开裂等事故。当地下水浮力大于上部结构荷载（按最不利组合）时，应采取抗浮措施，抗浮措施以抗拔桩为宜。地下室施工中的排水工作应持续到上部结构荷载大于浮力时才能停止。地下室抗浮设防水位建议按绝对标高13.80 m考虑。

隧道：本隧道基坑工程地下水位高于地下室底板，建议抗浮措施为抗拔桩。地下室防水和抗浮水位建议按周边地面标高考虑；基坑防水和抗浮水位可按11.00 m考虑。

综合管廊：地下水位高于管廊底板，根据勘察结果，结合场地地形、地貌、地下水

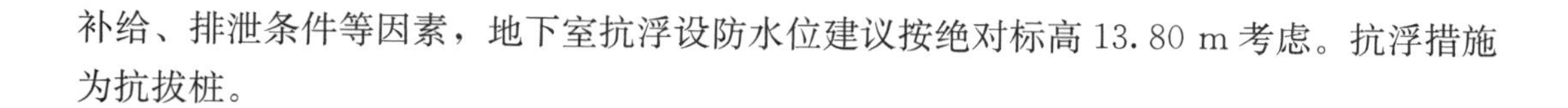

补给、排泄条件等因素，地下室抗浮设防水位建议按绝对标高 13.80 m 考虑。抗浮措施为抗拔桩。

5　评议与讨论

（1）2015 年 4 月 12 日至 2018 年 12 月 12 日二号航站楼建筑物沉降观测结果表明：主体结构沉降量很小（观测结果最大累计沉降量仅为 −3.6 mm，平均沉降量为 −0.85 mm），且沉降均匀，各项沉降数据均小于规范规定的预警数值，监测数据表明大楼桩基础足以承受大楼荷载所产生的压力，基础稳固，建筑物处于稳定的安全状态。

（2）本勘察报告中所提基坑支护建议为设计所采纳。基坑施工监测结果显示支护结构水平位移及沉降、基坑周边地表沉降等均在允许范围内；施工期间坑壁及坑底渗水、涌水、隆起等情况良好，止水措施有效、合理。基坑支护施工安全、顺利。

（3）本项目提出的抗浮水位取值被设计采纳，施工及使用期间未出现结构物上浮的状况，地下室施工过程及监测验证了抗浮水位取值是合理的。

参考文献

[1] 秦柳江. 岩溶区域桩基施工处理方法 [J]. 市政技术，2020，38（1）：242-245.

[2] 王中海，李瑞祥. 浅谈岩溶桩基施工处理措施 [J]. 科技视界，2016（10）：197，209.

[3] 张国印，来武清，周毅，等. 预应力管桩在软土地基施工中的应用与分析 [J]. 四川建筑，2021，41（4）：80-81.

[4] 余中华. 预应力混凝土预制管桩在广州南沙地区的应用分析 [J]. 广东土木与建筑，2005（6）：24-25.

[5] 吴磊，王同成. 地下工程的抗浮设计及措施介绍 [J]. 水泥工程，2021（2）：68-71.

联系方式

田龙顺，男，1990 年生，学士，工程师，主要从事岩土工程勘察、设计与施工研究工作。

电话：18883919701；地址：广东省广州市番禺区东环街东艺路 143 号金山谷意库 A2 栋二楼（长勘院广州分公司）。

邮箱：378544778@qq. com。

长沙世茂广场基础方案选择

张道雄

【内容提要】岩溶带、破碎带、裂隙带是工程建设中比较敏感的地质问题，其对工程建设的安全及投资有很大的影响，本项目通过各种试验方法，准确地查明场地地质情况，通过基础选型分析，创新性地解决了破碎带带来的一些难题，对类似工程具有一定的指导意义。

1 项目概况

长沙世茂广场位于长沙市五一大道与建湘路交叉处西南角，主楼地上 75 层，地下 4 层，主体为框架核心筒结构，基坑深度≥20 m，总建筑面积约 22.6 万 m^2，项目于 2012 年进行勘察，2014 年 5 月开始建设，2019 年 5 月验收并投入使用。

2 工程地质条件

2.1 环境条件

长沙世茂广场设计功能复杂、结构超限，属超高层建筑，同时其地理位置特殊，地处长沙 CBD 和芙蓉商务中心核心区域，环境条件极为复杂，北侧紧邻已建的泰贞广场(基坑深度 19 m，地下室 4 层)，西临历史古街东庆街，东邻建湘南路和市公安局宿舍，南侧紧邻 163 医院分院大楼，周边建（构）筑物繁多，管网交错复杂，基坑深度≥20 m，对环境影响很大；可能造成的破坏和影响非常严重。

2.2 地层分布特征

场地内分布有人工填土层、第四系新近冲积层、第四系冲积层、第四系残积层，下伏基岩为白垩系泥质粉砂岩，砂岩和泥盆系灰岩、角砾岩，泥灰岩具体情况详见岩土层情况表（表 1）及典型剖面图（图 1）。

表 1　岩土层情况表

层号	名称	时代	状态	厚度/m	备注
①	人工填土	Q_4^{ml}	杂填土，灰黑、灰褐等色	1.60～8.20	局部堆填时间超过10年，基本完成自重固结
②	淤泥质黏土	Q_4^{al}	灰褐、灰绿色	0.40～7.80	—
③	粉质黏土	Q^{al}	褐黄、灰黄、灰白等色	0.60～4.50 m	—
④	粉质黏土		褐红、褐黄夹灰白色	1.30～11.30 m	—
⑤	黏土		红褐、灰白、浅黄等色	0.70～10.70 m	—
⑥	中粗砂		褐黄、黄色	0.60～6.00 m	—
⑦	圆砾		黄褐、灰白色	0.80～13.90 m	—
⑧	粉质黏土	Q^{el}	紫红、紫褐色	0.50～17.60 m	该层不均匀分布有夹层粉质黏土⑧-1、强风化泥质粉砂岩⑧-2
⑨	强风化泥质粉砂岩	K	深红、紫红色	0.50～12.60 m	该层不均匀分布有夹层粉质黏土⑨-1、中风化泥质粉砂岩⑨-2
⑩	中风化泥质粉砂岩		深红、紫红色，局部呈灰黄色	0.60～28.60 m	该层不均匀分布有夹层强风化泥质粉砂岩⑩-1
⑪	微风化泥质粉砂岩		暗红、紫红色	3.80～6.50 m	揭露厚度
⑫	中风化砾岩		褐红、紫红色，夹灰白、黑灰色	1.00～8.80 m	—
⑬	微风化灰岩	D	灰白～深灰色	0.10～34.50 m	该层不均匀分布有夹溶洞⑬-1、岩溶充填黏性土⑬-2、岩溶充填砾岩⑬-3
⑭	断层角砾岩		灰黄、紫红色	1.70～5.00 m	—
⑮	强风化泥灰岩	D	灰黄、灰白色	0.80～7.00 m	—
⑯	中风化泥灰岩		灰黄、灰白色	0.70～25.20 m	—

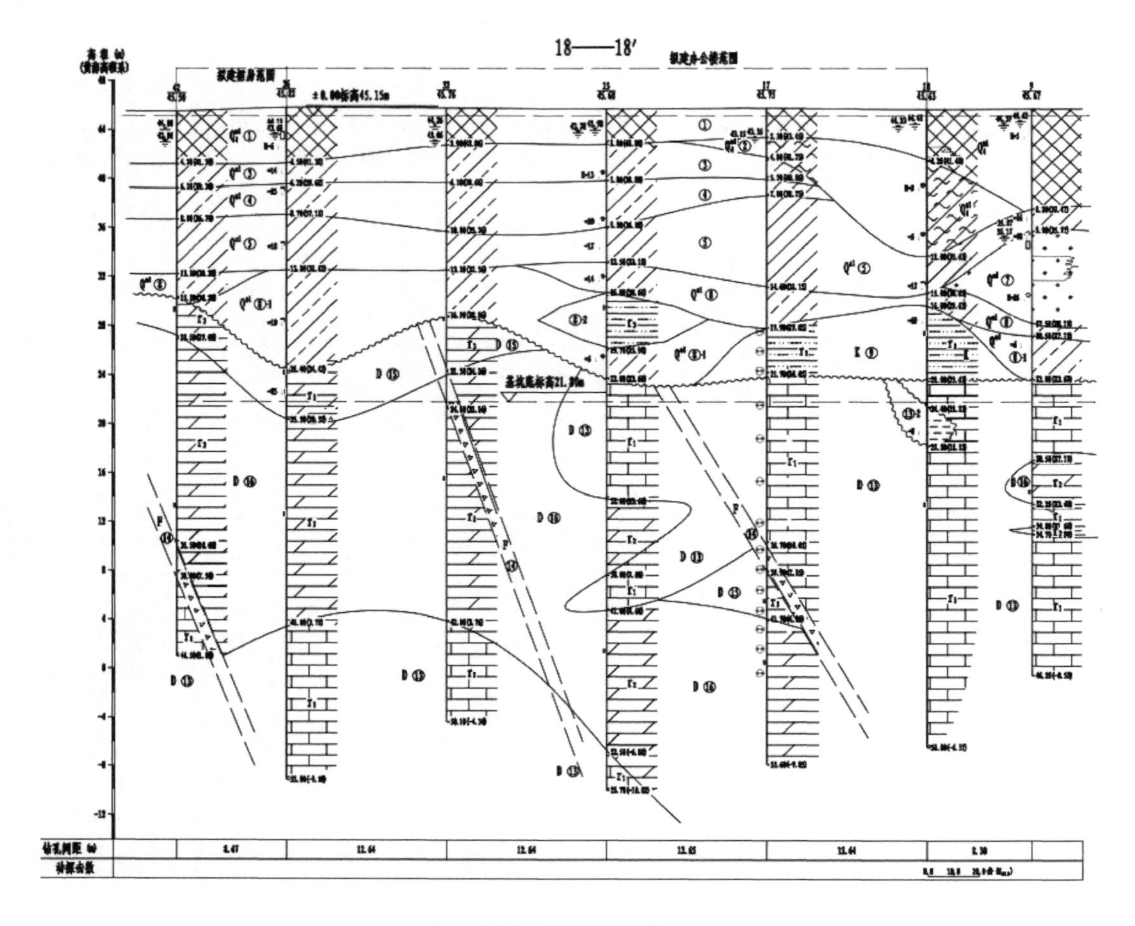

图1　典型剖面图

2.3　区域地质构造

据长沙地区地质构造图，拟建场地内有一区域性断裂即东风广场—长沙市第十六中学断裂（F101）通过。

（F101）属非全新世断裂，走向北东，全长约 60 km，北东段为长沙洼凹北本缘的边界断裂，截切了冷家溪群、泥盆一石炭纪地层、白垩纪地层及白沙井组等。航卫片影像醒目；挤压破碎带沿线可见，冷家溪群、棋子桥组、测水组呈构造透镜体夹于断裂之中；水渡河附近见冷家溪群逆掩在神皇山组之上。区域地质调查报告推断该断裂由湘江猴子石大桥西—火车南站—劳动广场—小吴门东—烈士公园沿北东向延伸穿越市区，在松桂园泥盆系泥岩被断裂挤压破碎形成断层角砾岩。

根据区域地质构造资料判定该断裂属于非全新活动断裂，不会影响场地的整体稳定，但受区域构造影响，场地内基岩岩性复杂，灰岩的溶蚀现象发育，且局部分布有强风化碎裂岩，会给基础施工带来不利影响。

2.4 地下水

场地内地下水按类型可分为上层滞水、潜水、基岩裂隙水。上层滞水赋存于人工填土及上部第四系黏性土层中，受大气降水及区域地下水补给，水量不大。其稳定水位埋深为0.80～3.80 m，标高介于41.69～45.65 m。潜水赋存于第四系冲积中粗砂及圆砾层中，略具承压性，局部分布。受大气降水及上层地下水补给，水量丰富。其稳定水位埋深为6.77～13.80 m，相当于标高32.10～38.62 m。基岩裂隙水赋存于基岩裂隙内，受大气降水及区域地下水补给，水量大小受基岩裂隙发育程度控制，一般不大。勘察期间，未能测得其稳定水位。

3 需解决的重点问题

（1）天然地基、复合地基及桩基等多种基础选型的承载力和变形计算需论证验算分析；

（2）采用天然地基＋高压注浆处理地基片筏基础时，承载力、总沉降量和差异沉降量验算结果是否满足规范和设计要求；

（3）地下水的观测、试验结果确定的抗浮水位建议是否满足建筑抗浮的要求；

（4）不同基础选型施工时对周边房屋或市政设施的环境影响程度；

（5）综合经济效益是否显著，除基础用料和造价，还应考虑土方、降水、施工技术、条件和工期等技术、经济对比。

4 基础方案选型分析

4.1 基础选型方案比选

主楼基底分布地层有强风化泥质粉砂岩⑨，厚度1.77 m，仅1个钻孔揭露，中风化泥质粉砂岩⑩，中风化砾岩⑫，微风化灰岩⑬，岩溶⑬-1、⑬-2（洞顶距离基底多为0.0-2.87 m，零星为6.50-17.32 m，视厚度0.50-3.10 m），断层角砾岩⑭（层顶位于基底下2.46-12.71 m，揭露厚度1.70-5.00 m），强风化泥灰岩⑮，底下厚度1.36-1.48 m），中风化泥灰岩⑯。

天然地基，筏板基础，以中风化泥质粉砂岩⑩，中风化砾岩⑫，微风化灰岩⑬，中风化泥灰岩⑯作为基础持力层。相对于桩基，其造价更低，工期更短，没有对周围环境造成破坏，经济效益、社会效益、环境效益显著。

桩基：桩型可选用人工挖孔桩或钻（冲）孔灌注桩，以微风化灰岩⑬、中风化泥灰岩⑯作为桩端持力层。成桩难度不大，能顺利成桩。该桩型具有施工速度快、成孔质量高、环境污染小、操作灵活方便、安全性能高及适用性强等特点，但在桩基础施工前建议进行逐桩超前钻探。

4.2 岩溶带、破碎带、裂隙带与地基基础方案选择的复杂性

（1）岩溶带基础选择的复杂性。

对于天然地基，岩溶地基常常会引起地基承载力不足、不均匀沉降、地基滑动和坍塌等地基变形风险；对于桩基可面临持力层的稳定、溶槽溶沟溶洞的处理、同一承台下长桩与短桩应力应变协调问题及混凝土流失控制的问题。

（2）破碎带、裂隙带基础选择的复杂性。

对于天然地基，多种岩层的承载能力差别大，沉降差异也很大，若在这样的地基上修筑独立基础，不同位置的基础沉降不同，将会导致建筑物倾斜开裂。另外，如果将基础直接修筑在断层破碎带上，有可能会发生滑动或产生沉降变形，特别是有地震发生时，更容易被破坏，这对建筑物后期留下的安全隐患是无穷的。对于桩基，由于破碎带的分布形态不同，裂隙宽度不同，在桩端或在桩端下的应力影响范围产生不同的应力应变效果。现行的设计规范规定，桩端进入持力层厚度，对于岩石类不宜小于1～2倍桩径，但实际施工情况要满足规定很难，特别要穿过破碎带，把桩端放在破碎带下完整岩层上，常规机械有时很难做到。当破碎带倾角很陡时，桩基无法穿越破碎带，这时不可避免地将其放在破碎带上。

4.3 基础方案选型可行性

（1）天然地基。

办公楼、裙楼及地下室设计标高以下，绝大部分为中风化泥质粉砂岩、中风化砾岩、微风化灰岩、中风化泥灰岩，建筑物设计单柱标准值为4500 kN～65700 kN，上部荷载相对较大；采用筏板基础，以中风化泥质粉砂岩、中风化砾岩、微风化灰岩、中风化泥灰岩作为基础持力层时，对筏板底下的岩溶、破碎带、裂隙带进行高压注水清理，浇筑好筏板后，对底下岩溶、破碎带、裂隙带高压注浆加固。经初步验算，承载力和变形均可满足要求。

（2）桩基。

拟建建筑物可采用人工挖孔桩或钻（冲）孔灌注桩。其中，裙楼及地下室可选择中风化泥质粉砂岩、中风化砾岩、微风化灰岩、中风化泥灰岩作桩端持力层；办公楼宜选择微风化灰岩及中风化泥灰岩作为桩端持力层。

基坑开挖完成以后，大型桩机设备在深基坑中施工较困难，场地基坑较深，排污问题难以解决，再加上钻（冲）孔桩桩底沉渣难以清除；在基坑开挖完成后，坑壁强透水地层分布范围较小，采用帷幕止水后，基坑内地下水水量不大，采用明排即可；基坑底大部分为微风化灰岩，人工挖孔桩及钻（冲）孔桩成桩均较困难，首先推荐人工挖孔灌注桩。

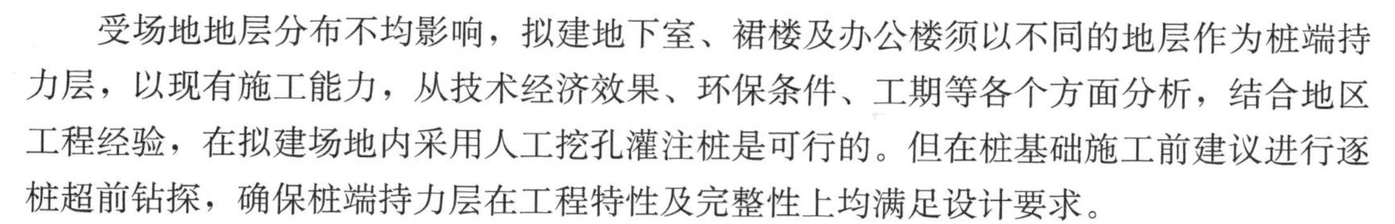

受场地地层分布不均影响，拟建地下室、裙楼及办公楼须以不同的地层作为桩端持力层，以现有施工能力，从技术经济效果、环保条件、工期等各个方面分析，结合地区工程经验，在拟建场地内采用人工挖孔灌注桩是可行的。但在桩基础施工前建议进行逐桩超前钻探，确保桩端持力层在工程特性及完整性上均满足设计要求。

（3）方案确定。

拟建世贸广场基础型式在我公司通过技术攻关、创新，通过对复杂地基条件的承载力和变形分析论证，突破常规采用桩基础的选型，建议采用天然地基＋高压注浆处理地基，筏板基础，基础持力层为中风化泥质粉砂岩、中风化砾岩、中风化泥灰岩和微风化灰岩，在参数选取过程中先通过土工试验及原位测试初步确定承载力及变形参数，再通过现场载荷试验复核，最终确定承载力及变形参数，为设计提供数据支撑，经设计、建设方多次验算、论证，建设单位、设计单位最终采纳了上述方案。

4.4 监测方案

该基础方案实施后，对该项目进行了长期的沉降监测，检测结果达到预期效果，说明该基础成功解决了超高层建筑基础遇到岩溶、破碎带、裂隙带时基础设计和施工中的难题，试验结果及沉降检测结果见表 2、表 3。

表 2　载荷试验成果表

实验位置	设计承载力特征值/kPa	实测承载力特征值/kPa	最大沉降量/mm	残余变形/mm	回弹量/mm	持力层
1＃	2000	2200	8.46	4.89	3.57	中风化泥质粉砂岩
2＃	2000	2200	8.69	3.84	4.85	中风化泥质粉砂岩
3＃	2000	2200	4.12	1.61	2.51	中风化泥质粉砂岩
4＃	2000	2200	10.86	6.78	4.08	微风化灰岩
5＃	2000	2000	38.53	19.21	19.32	中风化泥灰岩
6＃	2000	2200	5.03	1.96	3.07	微风化灰岩
备注	5＃点应甲方要求选定，点位被水浸泡，下卧破碎带，为该工程最不利点					

表 3　沉降监测结果表

监测次数：第 56 期　　监测时间：2017 年 12 月 30 日　　天气：晴

点号	初始高程/m	本期高程/m	本次沉降			累计沉降		
			沉降量/m	时间间隔/d	沉降速率/（mm/d）	沉降量/m	时间间隔/d	沉降速率/（mm/d）
C-10	46.5731	46.5651	0.2	30	0.01	−8.0	850	−0.01

续表

点号	初始高程/m	本期高程/m	本次沉降			累计沉降		
			沉降量/m	时间间隔/d	沉降速率/(mm/d)	沉降量/m	时间间隔/d	沉降速率/(mm/d)
C-20	46.5841	46.5785	0.1	30	0.01	−5.6	850	−0.01
C-11	46.4949	46.4889	0.1	30	0.01	−6.0	850	−0.01
C-12	46.506	46.4997	−0.2	30	−0.01	−6.3	850	−0.01
C-14	46.5834	46.5749	−0.2	30	−0.01	−8.5	850	−0.01
C-15	46.6237	46.6144	−0.1	30	−0.01	−9.3	850	−0.01
C-16	46.4978	46.4893	−0.1	30	−0.01	−8.5	850	−0.01
C-17	46.6267	46.6200	0.2	30	0.01	−6.7	850	−0.01
C-1	46.5651	46.5577	0.1	30	0.01	−7.4	850	−0.01
C-2	46.5568	46.5498	0.2	30	0.01	−7.0	850	−0.01
C-3	46.5566	46.5486	−0.1	30	−0.01	−8.0	850	−0.01
C-4	46.5599	46.5491	−0.2	30	−0.01	−10.8	850	−0.01
C-18	46.6821	46.6750	−0.2	30	−0.01	−7.1	850	−0.01
C-6	46.4984	46.4895	−0.1	30	−0.01	−8.9	850	−0.01
C-7	46.5731	46.5635	−0.2	30	−0.01	−9.6	850	−0.01
C-19	46.6489	46.6425	0.4	30	0.03	−6.4	850	−0.01
C-8	46.5238	46.5173	0.2	30	0.01	−6.5	850	−0.01
C-9	46.5760	46.5672	0.1	30	0.01	−8.8	850	−0.01
C-21	46.6106	46.6064	0.1	30	0.01	−4.2	850	−0.01

5 效果点评

（1）本项目通过综合勘探手段，准确查明了场地的工程地质与水文地质条件，采用对岩溶、破碎带、裂隙带的高压注浆处理后的地基经检测检验符合设计要求，成功解决了超高层建筑基础遇到岩溶、破碎带、裂隙带时基础设计和施工中的难题。

（2）该工程勘察方法、经验对类似工程建设具有重要指导意义和参考价值，方案的成果实施技术解决方案在行业可持续发展和科技进步中具有突出的示范、引领和促进作用。

参考文献

［1］中国建筑科学研究院. 建筑地基基础设计规范：GB 50007—2011［S］. 北京：

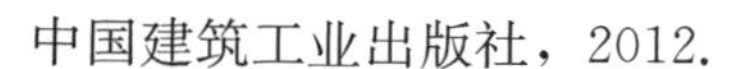

中国建筑工业出版社，2012.

［2］中国建筑科学研究院. 高层建筑筏形与箱形基础技术规范：JGJ 6—2011［S］. 北京：中国建筑工业出版社，2011.

［3］马琳琳. 复杂岩溶地基处理［J］. 河南科技大学学报（自然科学版），2004（4）：75-77.

［4］金瑞玲，李献民，周建普. 岩溶地基处理方法［J］. 湖南交通科技，2002（1）：10-12.

［5］王卫东，申兆武，吴江斌. 桩土-基础底板-上部结构协同的实用分析方法与应用［J］. 建筑结构，2007（5）：111-113，129.

［6］周建龙. 超高层建筑结构设计与工程实践［M］. 上海：同济大学出版社，2017.

［7］石云，王善谣. 某框架—核心筒超高层塔楼结构设计［J］. 江苏建筑，2021（4）：27-31.

［8］张武. 高层建筑桩筏基础模型试验研究［D］. 北京：中国建筑科学研究院，2002.

［9］汪大绥，包联进. 我国超高层建筑结构发展与展望［J］. 建筑结构，2019（19）：11-24.

［10］罗学锋. 超高层建筑桩基础选型及承载力控制［J］. 住宅产业，2019（6）：65-67.

［11］简直，陈定伟. 破碎带地基的处理［J］. 冶金建筑，1982（12）：34-36，24.

［12］鲁应青. 岩溶及采空区塌陷的地质灾害探讨［J］. 四川水泥，2017（9）：338.

联系方式

张道雄，1986 年生，高级工程师，注册岩土工程师，主要从事岩土工程勘察、设计工作。

电话：15973126626；地址：湖南省长沙市雨花区振华路 579 号康庭园 1 栋 101 号 1311 室。

邮箱：297311137@qq. com。

第2编　岩土工程设计
(共5篇)

长沙市五一广场深基坑支护关键技术

尹传忠

【内容提要】 本文较为详细介绍了长沙市五一广场深基坑工程条件、比选支护方案、紧临地铁车站支护技术、地下水控制技术及岩溶基坑施工技术，成果可为类似深基坑工程提供借鉴与参考。

1 工程概况

五一广场地下空间开发工程项目位于长沙市五一大道与黄兴中路道路交叉口东北角，项目地铁连络线东北区域地下层数为三层，西南区域地下层数为二层，基坑支护长度约 750 m，现状地坪标高为 44.5～45.0 m，基坑底标高为 27.5 m～32.1 m，基坑深度 12.4 m～17.5 m。基坑北侧为长冶路；东侧为南阳街；东南角为人民银行长沙分行；基坑南侧与西侧为地铁 1、2 号线换乘站五一广场站，基坑南侧紧临 2 号线，基坑西侧为地铁 1 号线，平面位置图如图 1。

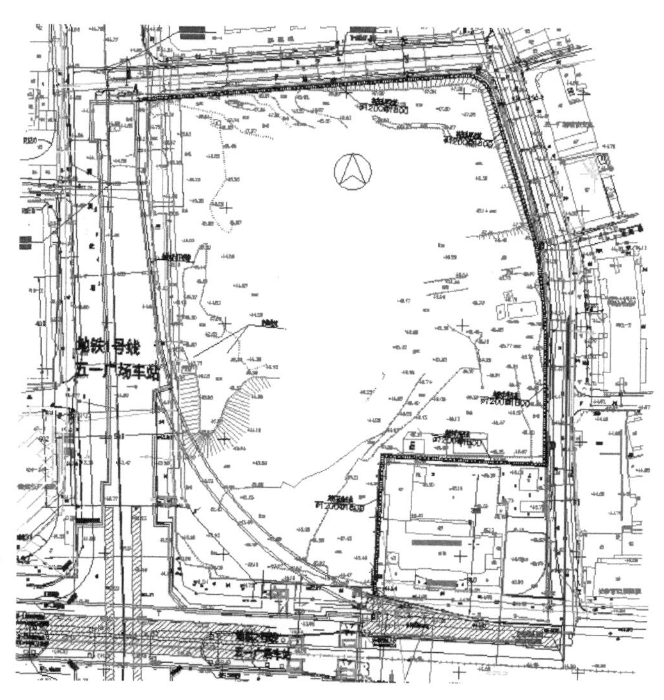

图 1 平面位置图

2 场地工程地质与水文地质条件

2.1 工程地质条件

根据工程勘察资料，场地分布的地层如下。

(1) 人工填土（Q_4^{ml}）、杂填土①：褐黄及褐红等杂色，主要由黏性土或砂土混碎石、砼块等建（构）筑物垃圾等组成，硬质物含量介于30%～50%，土质不均匀，松散～稍密状态，层厚2.00～13.50 m。

(2) 第四系新近湖积（Q_4^{l}）淤泥质粉质黏土②：灰～深灰、灰黑色，呈饱和，软塑～流塑状态，含少量有机质、腐殖质，层厚1.00～1.50 m。

(3) 第四系中更新统冲积层（Q_2^{al}）。

粉质黏土③：褐红色，硬塑状态、局部呈可塑状态，含少量粉细砂，层厚0.50～15.80 m。

粉砂④：褐黄、浅黄色，混10%～30%黏性土，松散状态，层厚0.80～5.40 m。

砾砂⑤：褐黄、灰白色，不均匀混5%～30%黏性土，稍密，局部松散状态，层厚1.10～2.70 m。

圆砾⑥：褐黄、灰白色，石英质，级配良好，分选性较差，亚圆形，混10%～30%黏性土及20%～30%的中粗砂，饱和、稍密状态。该层场地内部分分布，层厚1.60～5.80 m。

卵石⑦：灰白色，褐黄色，卵石粒径为2～10 cm，不均匀混黏性土5%～25%及5%～15%中粗砂，稍密～中密状态，层厚1.60～15.20 m。

圆砾⑦-1：性状与圆砾⑥相似，厚度1.70 m。

(4) 岩溶堆积物：划分为3个亚层。

岩溶堆积物⑧-1：主要为褐黄色黏性土，软～可塑状态，仅见于钻孔CK33号中，层厚14.10 m。分布于卵石层底部。

岩溶堆积物⑧-2：主要为褐黄色黏性土混砂砾石，软～可塑状态，物质组成极不均匀，不均匀含10%～30%的砂砾石，仅见于钻孔CK30号中，层厚3.20 m。

岩溶堆积物⑧-3：主要为褐红色黏性土混砂卵石，软塑～可塑状态，物质组成极不均匀，极不均匀含砂卵石10%～30%，层厚0.50～14.80 m。

(5) 泥盆系基岩（D）。

强风化泥灰岩⑨：褐黄色，岩石风化节理裂隙很发育，层厚0.30～11.60 m。

中风化泥灰岩⑩：褐灰色，属软岩，岩体基本质量等级为Ⅳ类。层厚0.50～22.50 m。

微风化泥灰岩11：褐灰色，属较硬岩，岩体基本质量等级为Ⅳ类。揭露厚度3.40～11.50 m。

微风化灰岩 12：浅灰、灰白色，属较硬岩，岩体基本质量等级为Ⅲ类。揭露厚度 0.50～8.90 m。

场地典型地质剖面图如图 2 所示。

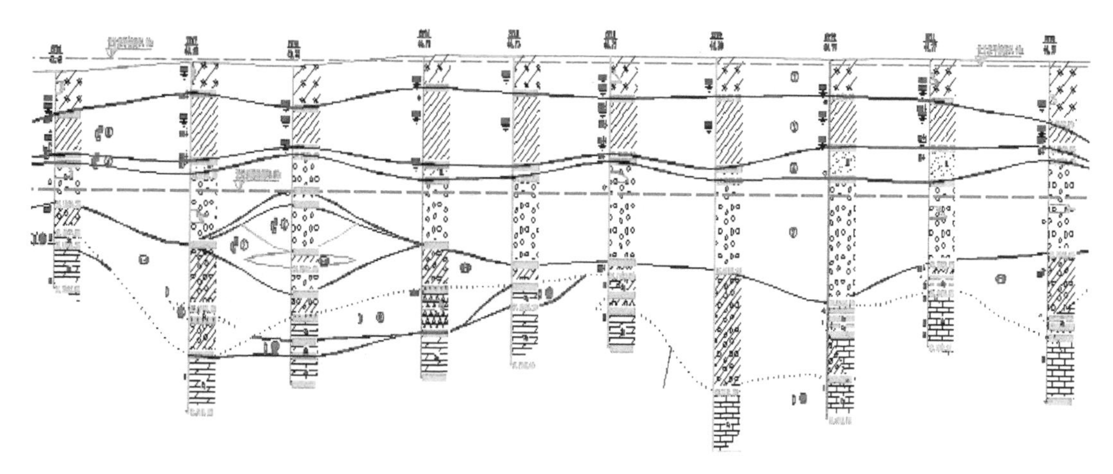

图 2　场地典型地质剖面图

2.2　水文地质条件

拟建场地位于湘江Ⅱ级冲积阶地，西距湘江约 800 m。场地无地表水系分布。

场地内均遇见地下水，按其含水层性质及埋藏条件，主要为赋存于杂填土层中的上层滞水、赋存于砂卵石层中的潜水及赋存岩石中的基岩裂隙水（岩溶水）。

场地上层滞水呈局部分布，初见水位埋深 1.30～6.10 m，相应标高 36.68～43.17 m，稳定水位埋深 1.20～5.60 m，相应标高 36.88～43.27 m；潜水初见水位埋深 4.20～12.10 m，相应标高 29.88～40.42 m，稳定水位埋深 1.90～9.20 m，相应标高 32.98～41.86 m；场地潜水与湘江有直接的水力联系。

2.3　岩土参数

设计所需参数如表 1。

表 1　相关指标值

岩土名称	天然重度 γ/（kN/m^3）	固结快剪（标准值）		土体与锚固体极限摩阻力标准值 q_{sik}/kPa
		黏聚力 C/kPa	内摩擦角 φ/°	
杂填土①	18.5	10	10	16
淤泥质粉质黏土②	17.0	20	8	18
粉质黏土③	19.4	35	20	57
粉砂④	19.0	2	22	30

续表

岩土名称	天然重度 γ/（kN/m³）	固结快剪（标准值）		土体与锚固体极限摩阻力标准值 q_{sik}/kPa
		黏聚力 C/kPa	内摩擦角 φ/°	
砾砂⑤	19.5	3	32	80
圆砾⑥	20.0	5	35	110
卵石⑦	20.5	5	40	130
圆砾⑦-1	20.0	5	35	110
岩溶堆积物⑧-1	19.3	12	10	16
强风化泥灰岩⑨	22.0	50	28	200
中风化泥灰岩⑩	24.0	(200)	(35)	340
微风化泥灰岩 11	26.5	(600)	(37)	800

3　基坑支护重点与难点

（1）场地周边环境复杂，环境保护要求高。

①场地西侧及南侧紧临既有地铁车站，地铁结构对变形控制要求高；

②场地周边地下管网复杂，存在供水、雨水、污水、电力、通信等管线，且实际位置与管线图有差异；

③场地北、东及南侧建筑物密集，有些建筑年代久远，基础型式不清楚。

（2）场地工程水文地质条件复杂。

①场地为岩溶发育区，基岩面起伏大，岩溶充填物性质差；

②人工填土成分复杂，对施工机械扰动敏感性高；

③场地地下水丰富，水位高，止水困难。

（3）基坑设计理论不成熟，针对紧临既有地铁车站基坑情况，现行基坑支护规程规范未见给出相应计算分析方法。

4　基坑支护结构选型

五一广场地下空间开发利用基坑紧贴已有地铁车站，开挖深度大，为确保五一广场地下空间开发工程施工期间地铁结构安全，需充分考虑各种措施，减少基坑施工对地铁结构造成的干扰，地铁结构各控制截面内力、位移在其施工期间均不得超过最大容许值。综合分析基坑周边环境条件、岩土工程条件及基坑支护深度等条件，可行的支护方案有三种，从造价、工期、安全性、优缺点比较分析如表 2。

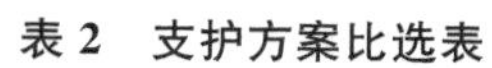
表 2　支护方案比选表

基坑支护方案	造价	工期	安全性	优点	缺点
方案一 地下室分两期施工，北、东、南侧支护桩结合锚索支护，西侧一期采用放坡，二期采用内支撑	一期桩锚支护3200万；二期内支撑1500万	580天	安全	一期桩锚支护： ①长沙地区传统成熟工艺，对施工单位的管理和技术水平的要求相对较低，施工单位的选择面较广； ②基坑支护结构的设计与主体设计关联性较低，受主体设计进度的制约小，基坑工程有条件尽早开工。 ③不影响地下结构施工，可采用装配式结构； 二期局部内支撑： 西侧一期施工时先保留地铁站边一定宽度的土体，以抵抗坑外侧的土压力，然后将基坑中部的土体挖除，再施工中部的主体结构，再利用东侧已施工好的主体结构反力架设支撑，然后将二期的土体挖除，施工二期部分的主体结构，最后拆除支撑。这种方案出土相较逆作法便捷，经济效果好	①地下室分两期施工，工期较长； ②一期放坡方案须征得轨道公司同意； ③周边环境、地质情况、水文情况复杂，锚索施工影响因素多
方案二 地下室分两期施工，北、东、南侧支护桩结合锚索支护，西侧一期采用放坡，二期采用逆作法	一期桩锚支护3200万；二期逆作法施工主体增加造价800万	680天	安全	一期桩锚支护： ①长沙地区传统成熟工艺，对施工单位的管理和技术水平的要求相对较低，施工单位的选择面较广； ②基坑支护结构的设计与主体设计关联性较低，受主体设计进度的制约小，基坑工程有条件尽早开工。 ③不影响地下结构施工，可采用装配式结构； 二期局部逆作法： 楼板刚度高于常规顺作法的临时支撑，基坑开挖的安全度得到提高，且一般而言，基坑的变形较小，因而对基坑周边环境的影响较小	①地下室分两期施工，工期较长； ②一期放坡方案须征得轨道公司同意； ③周边环境、地质情况、水文情况复杂，锚索施工影响因素多； ④逆作法技术复杂，对施工技术要求高，施工单位选择面窄； ⑥采用逆作暗挖，作业环境差，结构施工质量易受影响； ⑦逆作法设计与主体结构设计的关联度大，受主体结构设计进度的制约
方案三 整个基坑采用环形内支撑支护，地下室一次施工	基坑支护6600万	620天	安全	支护结构安全，对地铁结构影响很小； 地下室结构一次施工，工期稍短	①环形砼内撑施工技术要求高，施工单位选择面窄； ②坑内支撑结构多，影响地下室结构施工； ③装配式地下室结构难选采用； ④土方施工困难； ⑤砼内撑拆除困难； ⑥造价相对较高

经综合比较分析，本基坑支护工程最终选择最优的方案一。

5 紧临地铁车站支护技术

5.1 紧临地铁车站支护方案

本工程西侧与南侧支护难点在保证地铁车站安全，同时在保证安全的情况下尽量节约工程造价与工期，场地南侧地铁车站为三层，建筑基坑为两层，西侧地铁车站为二层，建筑基坑为三层，因此西侧为最不利区段，西侧建筑基坑与地铁车站相互关系图如图 3 所示。

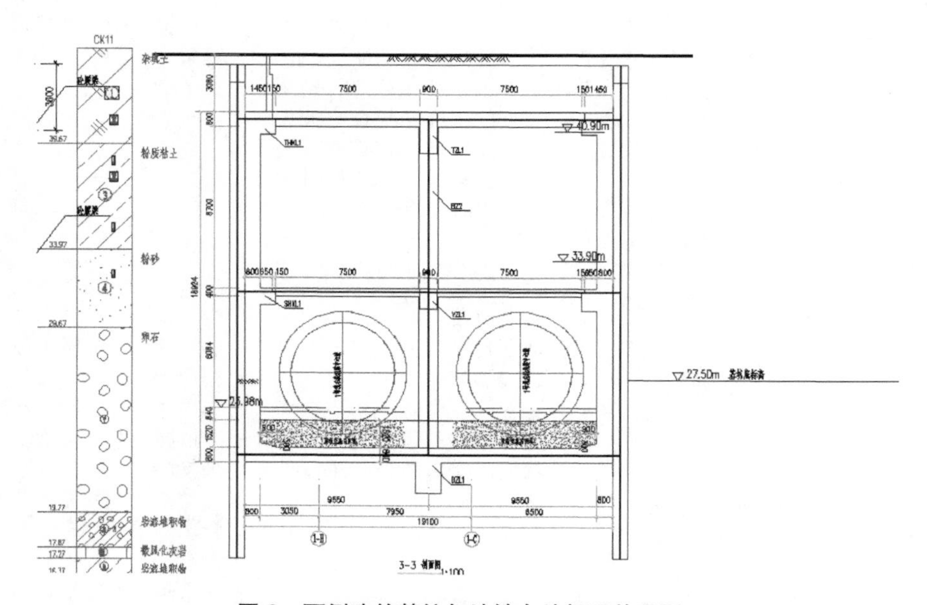

图 3 西侧建筑基坑与地铁车站相互关系图

本项目西侧基坑支护结构一期采用放坡喷射砼护面支护，二期采用钢管斜撑支护型式，设置两道直径 609 mm 钢管斜撑，钢管水平间距 4 m，具体支护剖面图如图 4 与图 5 所示。

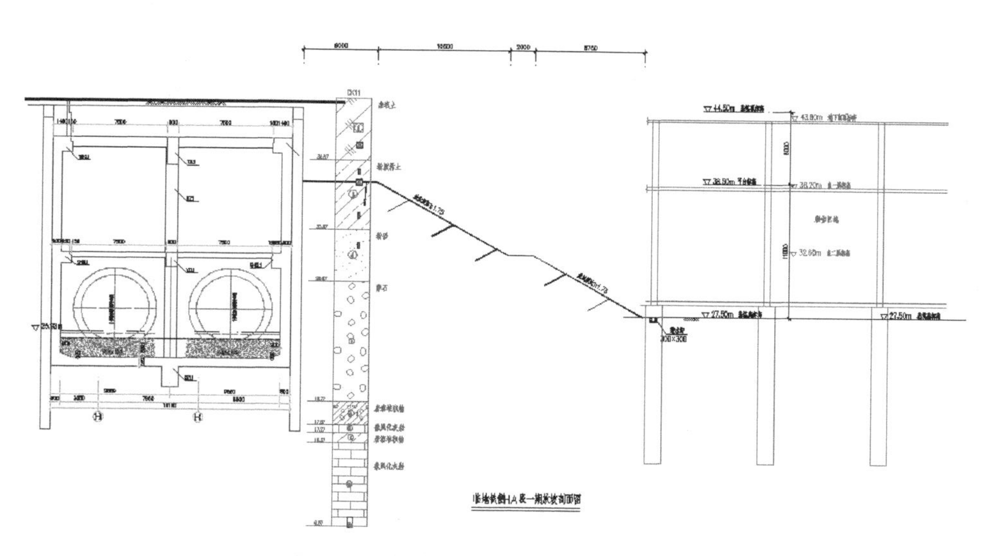

图 4　一期放坡喷射砼护面支护剖面图

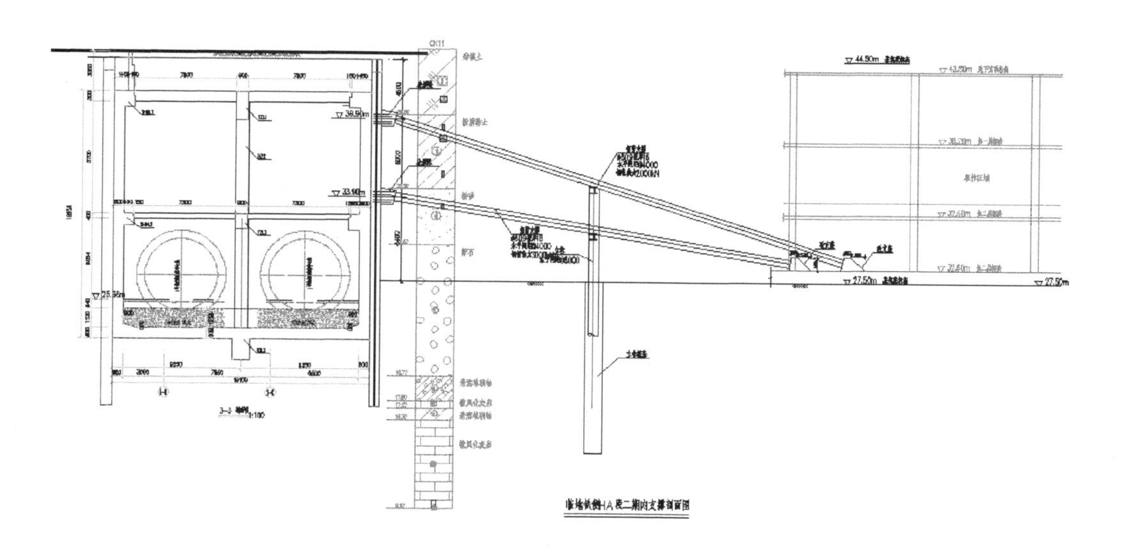

图 5　二期钢管斜撑支护剖面图

5.2　简化支护结构计算

（1）分析思路。

目前我国《基坑工程技术规程》中桩撑支护结构计算推荐采用弹性抗力法，将基坑外侧主动土压力作为施加在支护结构上的水平荷载，土对支护结构的水平向抗力用弹性抗力系数来表示，支锚结构用弹簧支座模拟。目前国内大部分岩土计算软件都有该单元计算功能，积累了丰富的工程经验。因此，将地铁车站范围结构简化当作为周围土层考虑，采用弹性地基梁法分析计算，计算结果与已有工程经验比较，能提供较大的参考价值。该简化支护结构计算的缺点是没有分析地铁结构内力情况。

（2）计算模型。

计算按《建筑基坑支护技术规程》JGJ 120-2012，支护结构计算采用增量法，支护结构安全等级一级，支护结构重要性系数 γ_0 取值 1.1，基坑深度 17 m，嵌固深度 12 m，连续墙厚 1 m。基本信息：地面超载取 20 kPa，距离坑边 3 m。支锚信息：设置两道钢管斜撑，钢管水平间距 4 m。模型信息简图如图 6。

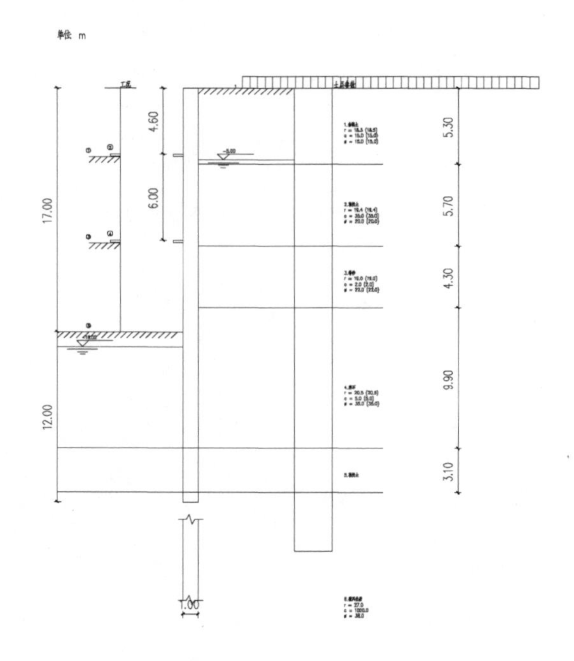

图 6　简化支护结构模型信息简图

压力模型采用规程推荐的弹性法土压力模型，由于基坑容许变形值较小，位移量小于达到朗肯土压力限值，需对各地层土压力乘上增大系数，本项目各地层土压力调整系数均为 1.2。

（3）计算结果。

内力位移包络图如图 7。

整体稳定安全系数 K_s=5.326，满足规范要求。

抗倾覆稳定性验算结果：抗倾覆安全系数最小 K_s=1.564≥1.250，满足规范要求。

地表沉降结果最大值 15 mm，满足规范要求。

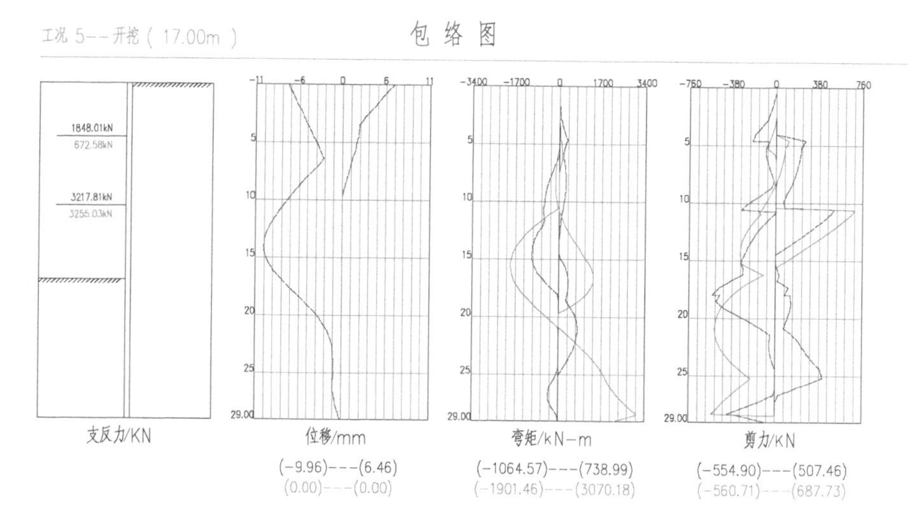

图 7　内力位移包络图

5.3　考虑地铁车站共同作用计算

（1）分析思路。

紧临地铁车站基坑支护的主要目的是保证地铁车站的结构安全，为了分析基坑开挖后地铁结构内力变化情况，取地铁车站纵向 1.0 m 长的横断面结构体系进行分析计算，当基坑开挖到基底时，为地铁车站最不利的状态，此时车站横断面框架结构体系因东侧（即临物业基坑侧）物业基坑深度范围的土体都被挖出，水、土压力被卸载，而西侧（及背离基坑侧）水、土压力仍维持原状，使得整体车站框架体系在横向处于偏压状态。分析思路如下：先按基坑开挖到底且不考虑架设支撑的最不利状态进行分析，分析此时的车站结构变形及内力是否满足要求；若在最不利状态下车站结构不安全，则按基坑开挖到底并架设支撑的工况进行分析，采用弹簧支座来模拟支撑的作用，得出车站结构内力刚好接近其承载能力极限时的车站水平位移，该位移即为基坑施工过程中车站结构所能承受的最大水平位移。

（2）计算结果。

完全偏压状态以及考虑支撑作用并接近结构临界承载力两种工况下的结构体系控制性部位弯矩值列表如表 3。

表 3　结构体系控制性部位弯矩值

控制性部位	结构尺寸/mm	结构配筋	弯矩承载力标准值/（kN·m）	完全偏压状态时的弯矩/（kN·m）	临界工况时的弯矩/（kN·m）
东侧顶板接外墙处迎土侧	800（考虑300厚腋角）	Φ22@150＋Φ25@150（侧墙筋弯入）	1060	424	185
顶板中纵梁处迎土侧	800（考虑300厚腋角）	Φ22@150＋Φ25@150（附加筋）	1060	925	394
东侧底板接外侧处背土侧	800	Φ25@150＋Φ25@150	1020	1140	−639
西侧底板接外墙处迎土侧	800（考虑300厚腋角）	Φ25@150＋Φ32@150（侧墙筋弯入）	1485	3308	1487
东侧外墙接顶板处迎土侧	800（腋角范围以外）	Φ25@150＋Φ22@150（顶板筋弯入）	710	852	169
西侧外墙接底板处迎土侧	800（腋角范围以外）	Φ32@150＋Φ25@150（底板筋弯入）	955	1226	712
工况下的最大水平位移/mm				73.5	11.6

由上表可知，在不考虑物业基坑侧支护措施的完全偏压状态下，1号线车站底板靠与外墙转角处迎土侧因基坑开挖变形形成的结构内力超过了其承载力标准值，特别是车站西侧（背离物业基坑侧）的底板位置，其内力标准值达到3308 kN·m/延米，远超其承载力标准值1485 kN·m/延米。因为东侧物业基坑的开挖卸载，车站结构体系出现整体向东的水平变形，且变形值在竖向上呈现出上大下小的近似倒三角形分部，这种变形工况下引发的结构内力主要集中于车站西侧底板与外墙转角处以及东侧顶板与外墙转角处的外缘，其中尤以车站西侧底板与外墙转角处为甚，使其成为整体结构体系中最新出现破坏的控制性部位。

考虑物业基坑支撑的作用，根据车站结构各部位内力不超过其承载力设计的原则，通过模拟支撑的弹簧的刚度，得到结构体系接近其承载力标准值的临界工况下的内力及变形分布图。经迭代计算，临界工况时的控制性部位为车站西侧底板与外墙转角处，此时的东侧最大水平位移为11.6 mm，对应部位为车站顶部位置。

6 地下水控制技术

由于场地内地下水位较高，且坑壁内中杂填土①属中等透水性地层，粉砂④、砾砂⑤、圆砾⑥、卵石⑦为强透水性地层，场地周边为道路及建筑物，大面积的降水可能造成路面沉陷，建筑物不均匀沉降。为防止基坑开挖及基础施工过程中出现流砂、突涌等导致基坑失稳、威胁施工人员及周边建（构）筑物安全，本次采用止水帷幕进行隔水，其中基坑西侧及南侧西段利用已有地铁车站止水帷幕，北侧、东侧及南侧东段均采用咬合桩止水，即在护壁桩中间用咬合止水素砼桩隔水，首先进行旋挖咬合止水素砼桩帷幕施工，桩径Φ1200，间距 1.8 m。止水桩用旋挖成孔后，采用 C10 水下砼浇灌，添加超缓凝剂。止水桩浇灌 4 天内必须进行支护桩施工，护壁桩间距 1.8 m，桩径 1200，为保证工程桩与止水桩咬合严密，在进行工程桩成孔时，需将止水桩每边钻除 20 cm，即护壁桩嵌入止水桩 20 cm。咬合桩形成的防渗板墙的渗透系数要求达到 1×10^{-6} cm/s 级。勘察时认为场地内局部可能存在大量的岩溶水，基坑开挖时存在岩溶水突涌的潜在风险。实际开挖情况较好，未遇见突涌。北侧、东侧及南侧东段典型帷幕及支护剖面图如图 8 所示。

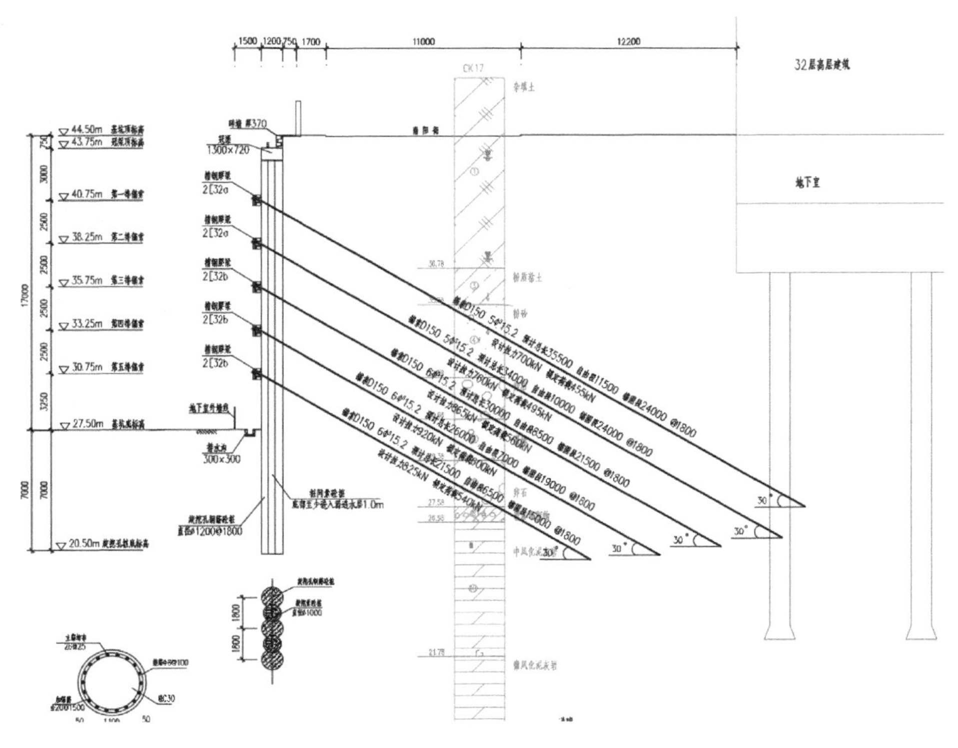

图 8　北侧、东侧及南侧东段典型帷幕及支护剖面图

7 岩溶基坑施工技术

(1) 由于本场地属岩溶区，基岩起伏大，地下水情况复杂，更加强调信息化施工。要根据施工过程中反映的地质与水文条件、监测资料情况，及时修正设计参数。

(2) 锚索成孔过程中取出的土体特征应按孔号逐一加以记录，并及时与设计所认定的土层加以比较，发现偏差较大时，及时修改锚索设计施工参数。锚索长度须根据地层情况进行相应调整，锚固段各地层 $\sum \pi \times 0.15\text{m} \times Li \times Qsik/1.31$ 值须大于锚索轴向拉力设计值，且该段锚索须保证进入岩层 4 m。

(3) 钻孔位于松散土层中时宜采用跟管钻进成孔施工，防止成孔垮土或湿法施工水浸泡软化坑壁土。成孔后套管预留在孔内，伸入一次注浆管（距孔底宜为 100～200 mm）注满浆液；二次注浆管的出浆孔应进行可灌密封处理，二次注浆管与锚索（灌浆管的边壁带孔且与孔内锚索等长）绑扎在一起，待套管内注满浆液后插入孔内，再拔出套管（每拔 10 m 套管在孔口补一次浆），在套管全部拔出一次注浆体达到初凝后进行二次注浆。

(4) 旋挖桩成孔过程中取出的土体特征应按桩号逐一加以记录，并及时与设计所认定的土层加以比较，发现偏差较大时，及时修改支护设计施工参数。止水桩按设计文件中要求入不透水岩层 1.5 m。支护桩按如下原则掌握入岩深度：

①基坑底标高以下如果是土层，保证支护桩嵌固深度≥6 m 且入岩≥2.5 m。

②基坑底以下全部为中风化、微风化石灰岩，保证嵌固深度≥3.5 m。

③基坑底以下为岩石，但遇较大溶洞，溶洞深度≥1.5 m 时，需穿过溶洞且入中风化、微风化岩石≥2 m。

8 评议与讨论

(1) 五一广场地下空间开发项目基坑支护严格按照设计图纸及相关规程规范技术要求施工，根据第三方监测数据，地铁车站变形最大值为 9.5 mm，小于轨道公司要求的限值，地铁结构内力在允许值范围内，其余各段桩锚支护结构变形均在规程允许范围内，支护工程取得了圆满成功。开挖至基坑底现场支护情况如图 9～图 12 所示。

图 9　西侧开挖至基坑底现场支护情况

图 10　北侧开挖至基坑底现场支护情况

图 11　东侧及南侧开挖至基坑底现场支护情况

图 12　南侧开挖至基坑底现场支护情况

(2) 紧临地铁车站的深基坑工程，重要的是控制由于基坑的开挖而引起的地铁变形及地铁结构内力的变化，保护地铁的正常运营。深基坑开挖对紧临地铁车站的影响大小主要取决于建筑基坑与地铁相互关系、地质条件、地铁站结构强度、基坑支护方式等因素。简化支护结构计算和考虑地铁车站共同作用计算分析结果与实际监测数据接近，该两类方法的计算结果均可作为支护设计的重要参考依据。

(3) 地质条件较好的情况下，采用钢管斜撑支护方案既可保证地铁安全，又做到了节约基坑支护造价。

(4) 北侧、东侧及南侧东段均采用咬合桩止水，效果良好。

(5) 岩溶区基坑工程地质与地下水情况复杂，勘察阶段难查明，施工阶段要更加强调信息化施工，根据施工过程中反映的地质与水文条件、监测资料情况，及时修正设计参数。

参考文献

[1] 刘国彬，王卫东. 基坑工程手册 [M]. 2 版. 北京：中国建筑工业出版社，2009.

[2] 中国建筑科学研究院. 建筑基坑支护技术规程：JGJ 120—2012 [S]. 北京：中国建筑工业出版社，2012.

联系方式

尹传忠，1979 年生，正高级高级工程师，主要从事岩土工程勘察、设计与施工研究工作。

电话：15874116128；地址：湖南省长沙市雨花区振华路 579 号康庭园 1 栋 101 号 1304 室。

邮箱：512539931@qq. com。

招商银行全球总部大厦基坑支护案例分析

李　沛

【内容提要】 招商银行全球总部大厦项目位于深圳市南山区深圳湾超级总部基地，总用地面积 35576.01 m^2，集办公、商业、酒店、文化设施及配套物业于一体，主塔约 72 层，建筑高度约 350 m，设 4 层地下室，基坑开挖深度为 24.50～31.20 m，基坑总周长约 795 m。

1　工程概况

招商银行全球总部大厦为超高层公共建筑，由 2 座超高层建筑和 4 座裙楼组成。其中主塔 72 层，建筑高度约 350 m；副塔 46 层，建筑高度约 184 m；裙楼 5 层，建筑高度约 30 m。全部建筑为集办公、商业、酒店、文化设施等多种业态综合体。地下室为 4 层，其功能为地下商业、车库与设备用房。项目地下室一层与地铁 9 号线、11 号线红树湾南站 A 出口站厅层直接连通，场地位置平面图如图 1。

图 1　场地平面位置图

该项目拟建建筑物设计±0.00 标高为 1956 年黄海高程 5.65 m，基坑底绝对标高为

−26.46～−23.46 m（底板+垫层按 1.8～4.8 m 考虑），根据周边地形，基坑开挖深度为 24.50～31.20 m。基坑总周长约 795 m，面积约 35020 m^2。

2 周边环境条件

拟建场地位于深圳市南山区滨海大道与深湾二路交汇处西北侧，支护设计期间现状为喜地根足球场。场地北侧为白石四路，基坑开挖边线距离地铁 9 号线/11 号线红树湾南站 A 出入口边线约 5.0 m，距离最近的轨道线约 32.0 m；东侧为深湾二路，基坑开挖边线距离人行道边线约 6.50 m；南侧为滨海大道公共绿化区域，基坑开挖边线距离滨海大道辅道边线约 13.30 m；西侧为在建的中信金融中心项目基坑（该基坑主要采用排桩+锚索支护形式，且于 2015 年已施工完成，后由于多种原因基坑进行了回填处理，并于 2018 年 3 月完成了加固设计，加固方案在原有的桩锚支护结构上再增设锚索，并在靠近地铁侧及基坑东南角位置增设了角撑，其锚索进入招商银行全球总部大厦项目用地红线最大的水平距离约 19.50 m），两基坑用地红线间距离约 12.0 m。

基坑周边为市政道路，地下管线密集，有电力、电信、燃气、给水、雨水、污水等各类管线，部分管线距离基坑边较近，对于基坑支护设计及施工的要求较为严格，在基坑施工前应进一步查明管线情况，做好相应的管线保护或迁改方案。

3 场地工程地质条件

3.1 地形地貌

拟建场地原始地貌单元属海积淤泥滩，后经人工改造，原始地形业已改变，场地地势整体较平坦，测得各钻孔孔口标高介于 4.60～5.31 m。

3.2 地层岩性

根据勘察钻探揭露，拟建场地内分布的地层主要有第四系全新统人工填土层、第四系全新统海陆交互相沉积层、第四系全新统冲洪积层、第四系残积层，下伏基岩为燕山四期花岗岩。按照其野外特征自上而下分述如表 1。

表 1　场地内各岩土层野外描述特征表

时代成因	地层名称	地层编号	简要描述
Q_4^{ml}	素填土	①$_1$	褐红、褐灰、褐黄等杂色，主要由黏性土混 20%～40%碎石组成，揭露碎石粒径介于 2～15 cm，层厚介于 0.50～8.90 m
	人工填石	①$_2$	褐灰、灰白、青灰等杂色，主要由微风化花岗岩混少量黏性土组成，揭露填石粒径介于 5～20 cm，在场地东侧及南侧呈 L 型分布，推测为填海时的围堰。层厚介于 1.90～11.20 m
	人工填砂	①$_3$	褐灰、褐黄等杂色，主要由石英质中粗砂混少量黏性土组成，呈松散状态，层厚介于 0.60～6.80 m
Q_4^{mc}	淤泥	②	灰黑、深灰等色，含有机质，有臭味，偶见贝壳，呈流塑～软塑状态。层厚介于 0.50～6.80 m
Q_4^{al+pl}	黏土	③$_1$	褐红、褐黄等色，含 20%～40%石英砂，呈可塑状态。层厚介于 0.60～12.80 m
	中砂	③$_2$	褐黄、灰白、褐红等色，呈稍密～中密状态。层厚介于 1.00～6.00 m
	粗砂	③$_3$	灰白、褐灰等色，主要成分为石英砂，不均匀混 10%～30%黏性土，呈饱和，稍密～中密状态。层厚介于 1.40～8.10 m
	砾砂	③$_4$	灰白、褐灰等色，呈中密～密实状态。层厚介于 1.40～11.30 m
	黏土	③$_5$	褐灰、灰白等色，含 10%～20%石英砂，呈可塑状态。层厚介于 1.20～3.10 m
Q^{el}	砾质黏性土	④	灰白、褐黄、褐红等色，呈可塑～硬塑状态。层厚介于 4.20～22.00 m
$\eta\beta^5 K_1$	全风化花岗岩	⑤	褐红、褐黄、褐灰等色，局部夹有少量强风化岩块，岩芯呈坚硬土柱状。层厚介于 2.90～18.10 m
	土状强风化花岗岩	⑥$_1$	褐灰、褐红、褐黄等色，岩芯呈坚硬土柱状及砂砾状。层厚介于 3.50～28.90 m。 本次勘察在该层中遇见孤石，其分布具有随机性，无规律性，视厚度介于 0.50～8.00 m
	碎块状强风化花岗岩	⑥$_2$	褐灰、褐红、褐黄等色，岩芯呈土夹碎块状及碎块状，不均匀夹有中风化岩块。层厚介于 0.80～14.80 m

续表

时代成因	地层名称	地层编号	简要描述
$\eta\beta^5K_1$	中风化花岗岩	⑦	黄肉红、褐黄等色，岩芯呈块状～短柱状。钻孔揭露深度介于 0.50～24.00 m，层厚不详
	微风化花岗岩	⑧	肉红色、褐红等色，岩芯主要呈短柱状，少量呈块状、长柱状。钻孔揭露深度介于 2.20～8.80 m，层厚不详

3.3 场地典型地质剖面图

根据场地详细勘察资料，选取场地周边典型地质剖面进行分析，见图 2～图 5。

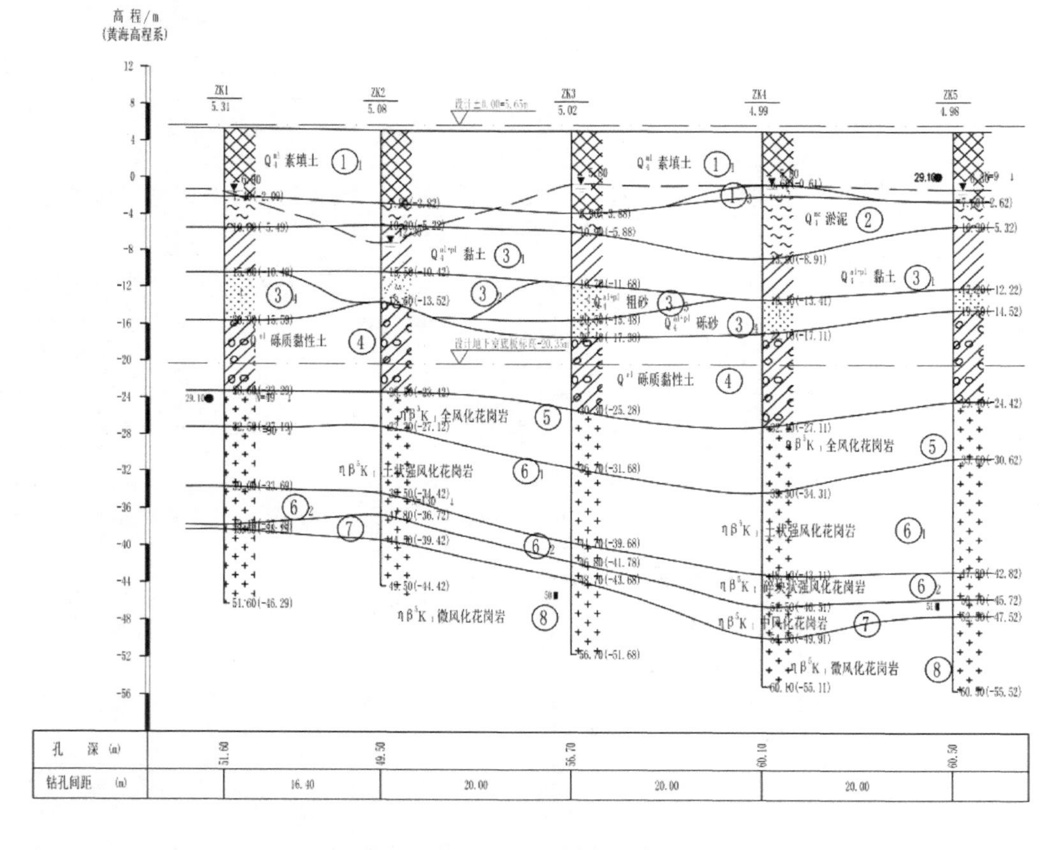

图 2　场地北侧工程地质剖面图

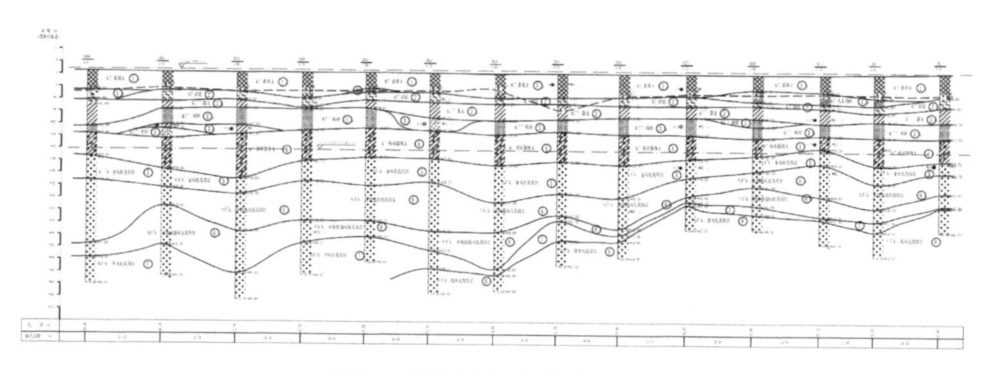

图 3　场地西侧工程地质剖面图

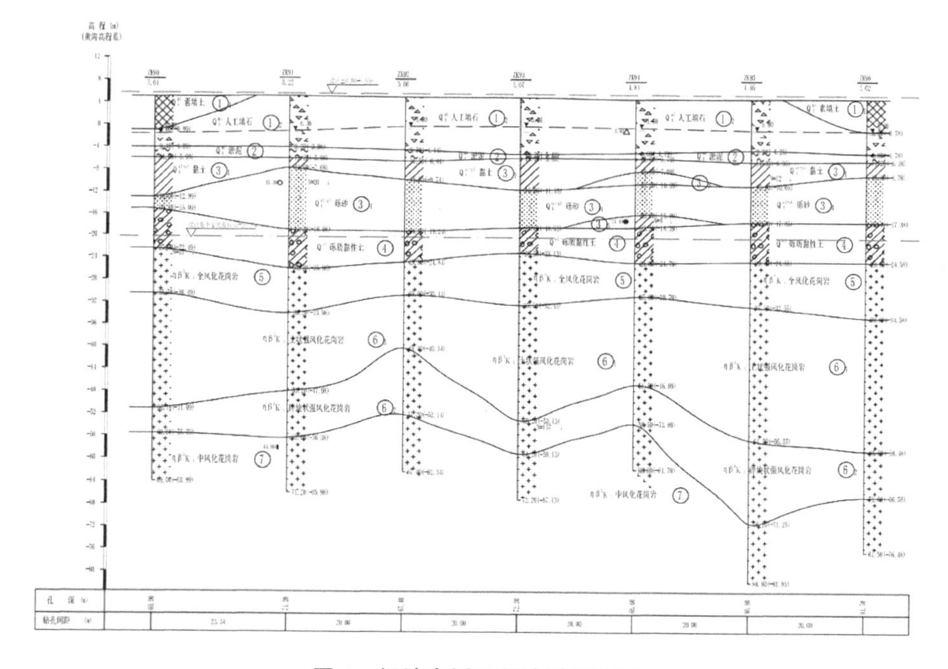

图 4　场地南侧工程地质剖面图

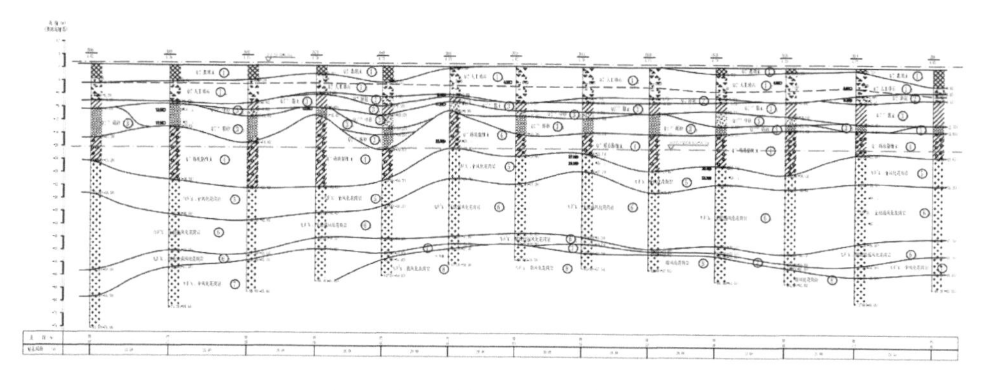

图 5　场地东侧工程地质剖面图

3.4 地表水

拟建场地内无明显地表水，进入雨季后，降水频率及强度将加大，降雨形成地表水在场地漫流，部分下渗补给地下水，部分沿场地周边地表排泄，特别是台风暴雨产生地表径流量大，汇流时间短，冲刷能力强，具有短时突发性，施工应做好地表的截、排水工作。

3.5 地下水

（1）地下水类型及特征。

地下水按赋存介质分为孔隙水和基岩裂隙水两类。

人工填石和人工填砂为强透水层，素填土为弱透水层，赋存于人工填土层中的地下水为孔隙潜水。淤泥和黏土层为微透水层，为隔水层。中砂、粗砂和砾砂层为强透水层，赋存于其中的地下水多为孔隙承压水。残积砾质黏性土、全风化花岗岩为微或弱透水层，为隔水层或相对隔水层。

花岗岩强、中、微风化带中赋存有基岩裂隙水，为承压水，其渗透性大小及径流规律主要受节理裂隙控制，微风化花岗岩为弱透水性，强风化和中风化花岗岩为弱～中等透水层。

孔隙潜水主要受大气降水补给，以蒸发和渗透方式排泄，枯水季节或高潮位时，地下水低于海平面时，则接受地南侧的海水补给。孔隙承压水主要受上部孔隙潜水越流补给，适当条件下也接受下部基岩裂隙水补给。基岩裂隙水接受上部孔隙水的越流补给。

（2）地下水位及其变化。

地下水受场地西侧中信金融中心基坑降水影响，本项目拟建场地内地下水水位变化较大，埋深较大，测得拟建场地内钻孔稳定地下水位（混合水位）埋深介于4.80～12.30 m，标高介于－0.08～－7.52 m。选取部分钻孔量测潜水水位及承压水水位，测得潜水水位埋深介于7.00～7.80 m，标高介于－2.27～－2.97 m，测得承压水水位埋深介于6.60～7.30 m，标高介于－1.77～－2.47 m。

由于场地没有长期系统的地下水观测资料，因此，无法取得场地地下水历史最高水位、近3～5年最高地下水位等资料。根据区域水文地质调查结果及场地的地形条件，场地多年地下水稳定水位变化幅度可按1.00～2.50 m考虑。

4 基坑支护设计中的主要环境问题及应对措施

4.1 主要环境问题

（1）北侧运营地铁9号线、11号线的水平位移：基坑开挖所引起的围护结构侧向水平位移会引起地铁隧道向基坑方向位移，且因围护结构侧向水平位移不均匀，可能使地铁隧道产生挠曲变形进而产生附加变形和应力[1]。因此须严格控制基坑围护结构的水平位移。

（2）地铁沉降变形：基坑侧壁填土（填石、填砂）层及砂层较厚，为强透水性地层。深圳地区块状强风化、中风化花岗岩由于裂隙发育，存在一定的透水性，为弱～中等透水层。砾质黏性土、全风化及土状强风化花岗岩由于颗粒含量大，也存在一定的透水性，为弱透水层[2-3]。一般基坑止水帷幕很难阻隔基岩裂隙水，当基岩埋藏较浅时，基坑开挖降水使得坑外侧地下水沿止水帷幕底端绕渗，坑外侧地下水位下降明显，土体孔隙水压力消散，有效应力增加，产生的附加应力使地铁隧道周围土体发生压缩变形引起隧道沉降。

（3）西侧已开挖的中信金融中心项目基坑的稳定：设计时中信金融中心项目基坑已基本开挖到底，两个基坑用地红线间的距离约 12.0 m。中信项目基坑主要采用排桩＋锚索支护形式，因此本基坑支护设计时，需考虑对中信项目基坑安全的保护，同时，招行项目基坑开挖使用过程中两个基坑的整体稳定性问题是本基坑的支护选型至关重要的影响因素，也是决定本项目基坑成败的关键因素。

4.2 应对措施

（1）控制围护结构水平位移：综合分析比对咬合桩与地下连续墙的支护刚度、整体性和止水效果，最终靠近地铁侧选用地下连续墙作为基坑支挡结构，其他侧采用咬合桩的支护形式，同时结合梁板撑的内支撑结构共同控制基坑的变形。支护结构典型剖面如图 6。

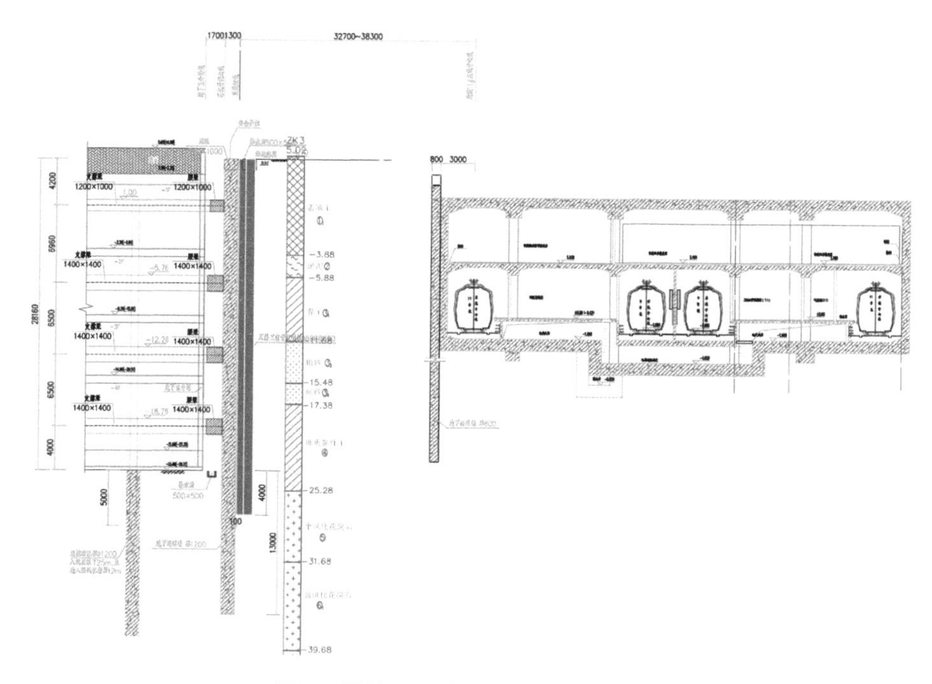

图 6　基坑北侧地连墙段支护剖面图

其内力位移包络图如图 7 所示。

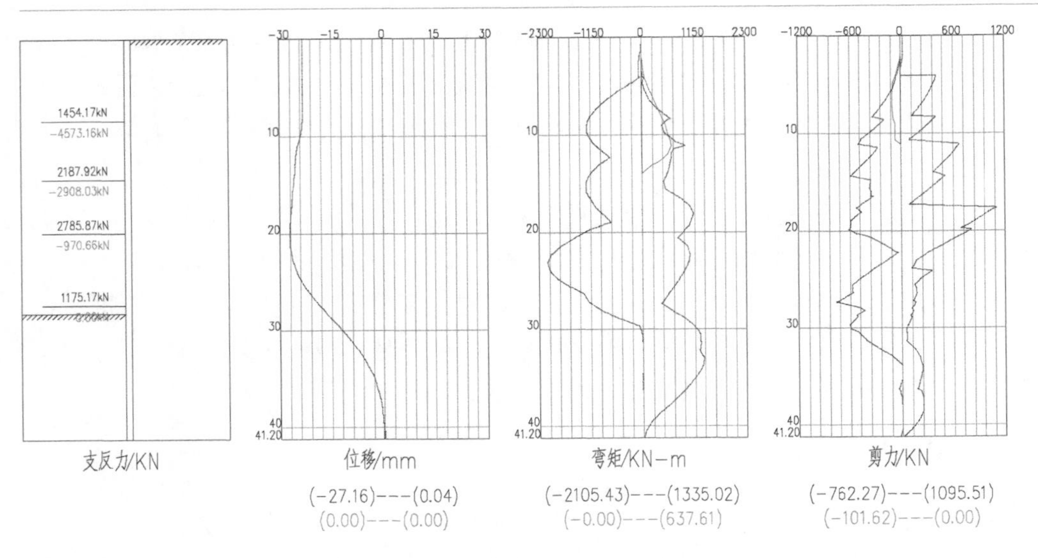

图 7　内力位移包络图

根据分析模拟结果，因土体变形或卸荷导致地铁车站变形量如表 2。

表 2　因土体变形或卸荷导致地铁车站变形量表

结构名称	变形方向	变形量/mm	备注
地铁车站	水平位移	3.47	向南
	竖向沉降	6.20	下沉

由此可见，基坑开挖造成地铁车站的最大变形量为水平向南 3.47 mm 及竖向沉降 6.20 mm。

(2) 加强基坑止水，严格控制基坑外侧地下水位：地连墙槽段连接处施工质量欠佳时，会导致漏水现象。为此，在地连墙外侧布置双排旋喷桩止水帷幕，并在接口处多设一根旋喷桩加强止水。同时，地下连续墙沉渣按 100 mm 控制，并预埋后注浆钢管，与钢筋笼绑扎或焊接固定，进行二次注浆，以减少地下水沿墙底绕渗。支护结构典型剖面如图 8。

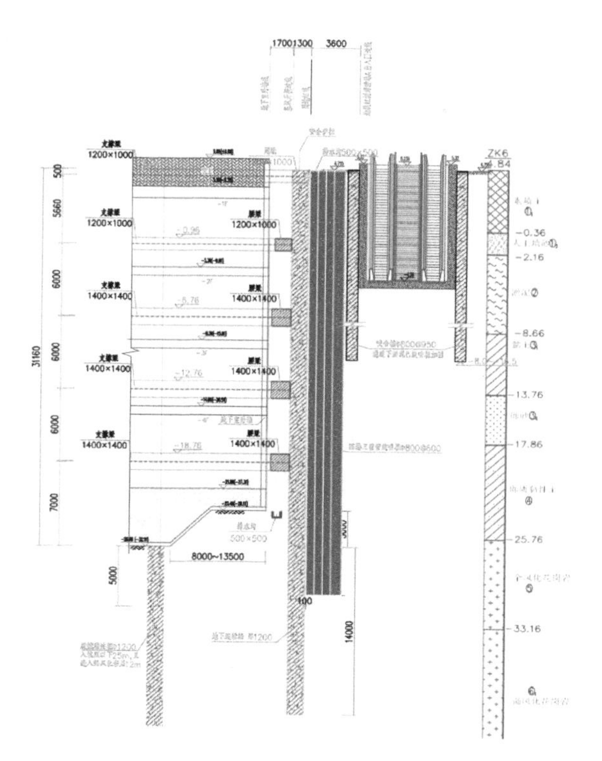

图 8　靠近地铁侧加强止水断面

根据目前最近一期的监测数据报告显示，基坑支护结构止水措施有效地控制了基坑外侧水位下降，既满足规范和设计要求，又保障了周边建（构）筑物、地铁及管线的安全。地下水位变形曲线如图 9 所示。

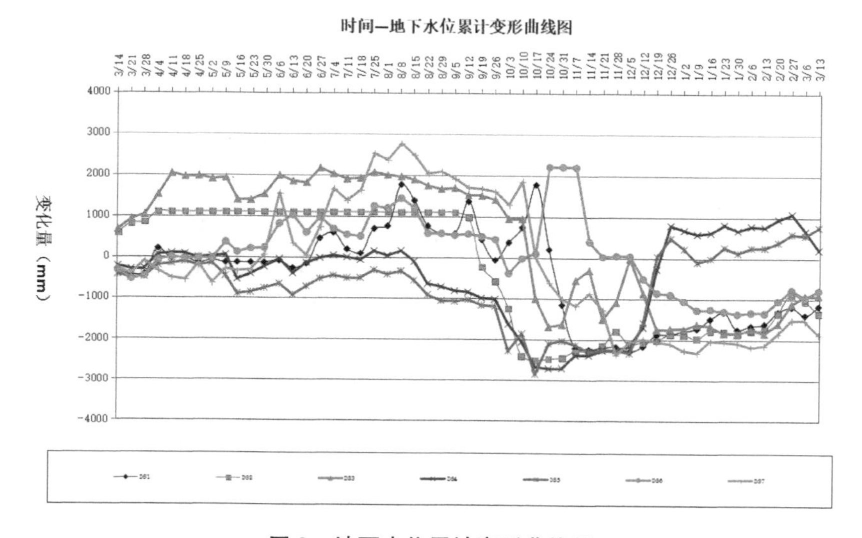

图 9　地下水位累计变形曲线图

(3) 采取可靠的支护措施，确保中信金融中心项目基坑安全：基于目前场地周边环境情况，招商银行全球总部大厦基坑施工时，应确保中信基坑支护体系的安全，由于两个项目基坑开挖后，中间预留土体约为 12.0 m，经过充分的分析比对，两个项目基坑整体考虑，采用大对撑的支护形式，后期随着土方的开挖，逐层释放、解除中信基坑锚索，从而确保其基坑安全。基坑平面布置图及三维模型图如图 10～图 11。

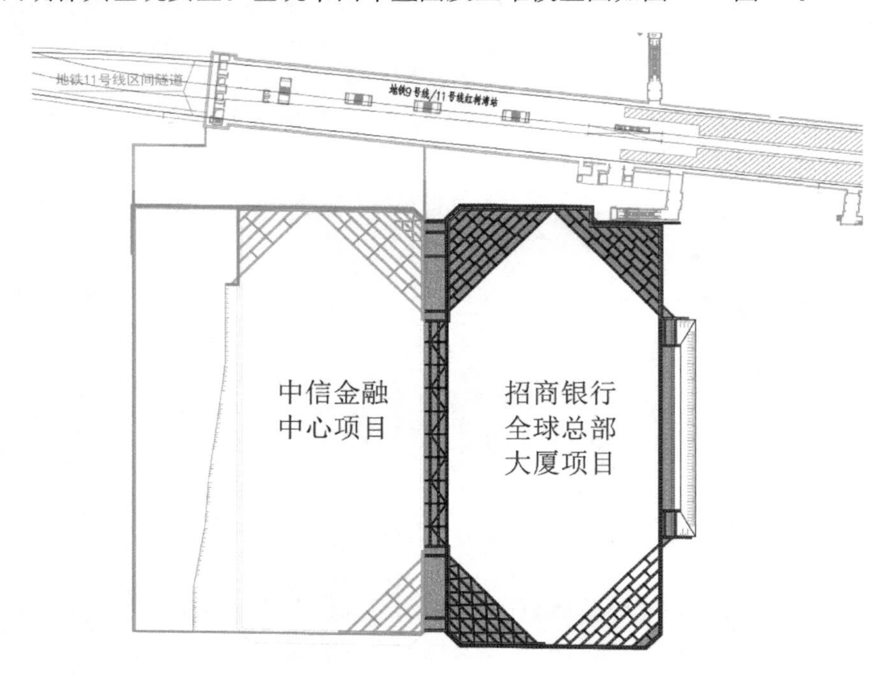

图 10　基坑平面布置图

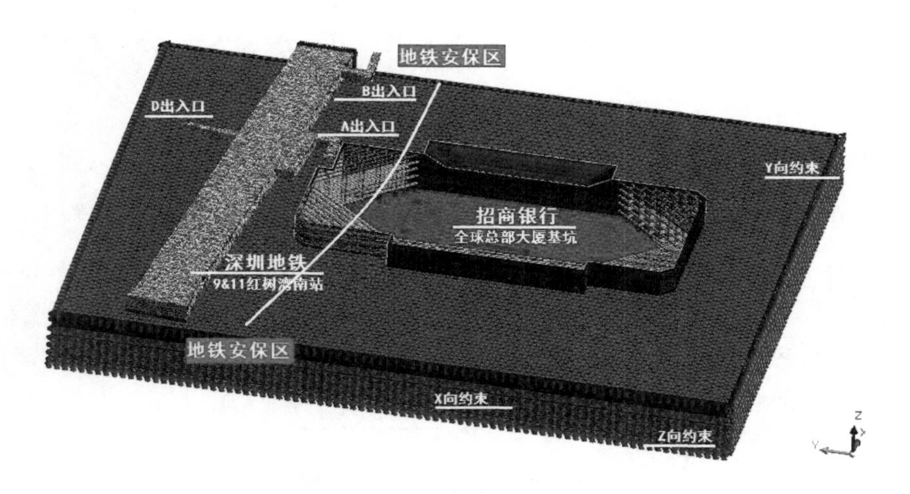

图 11　基坑三维模型图

与中信金融中心项目基坑连接侧支护方案如图 12～图 13。

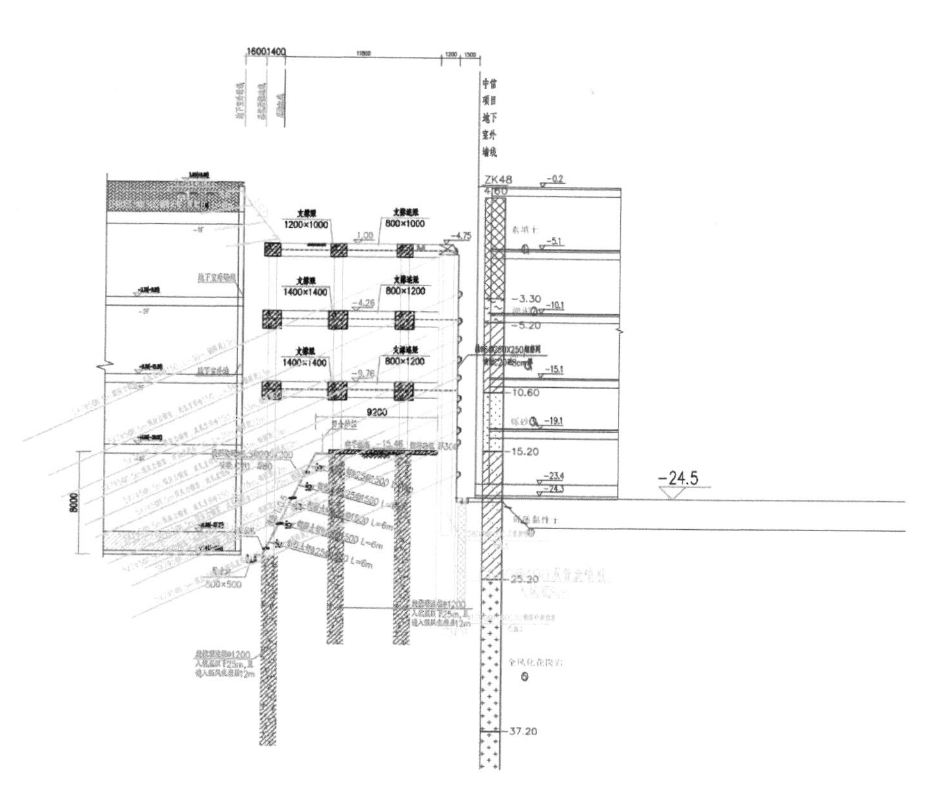

图 12　基坑西侧与中信连接段横断面图

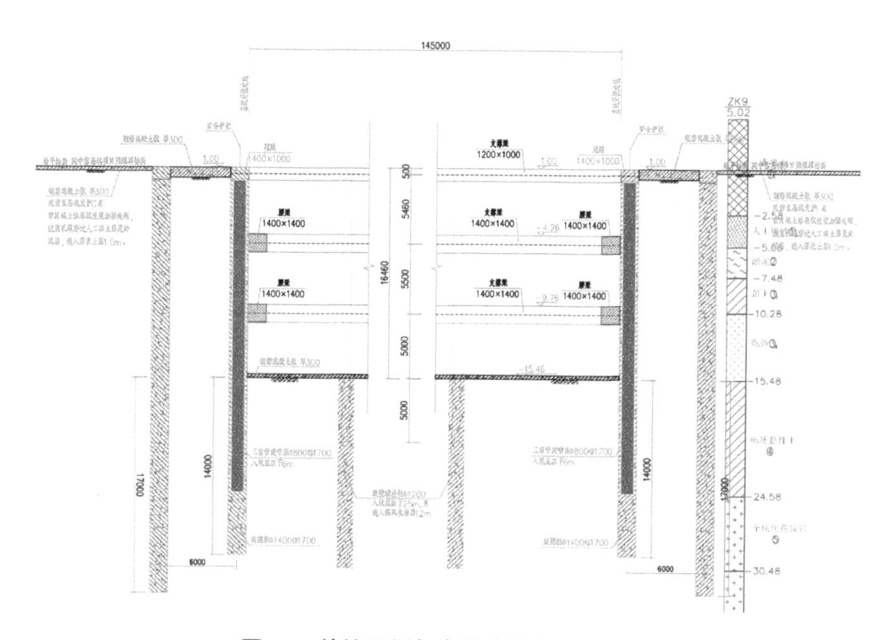

图 13　基坑西侧与中信连接段纵断面图

5 评议与讨论

（1）目前该基坑北区已经开挖到底，正在进行主体结构施工及拆换撑工作，未出现渗漏水现象，各项监测指标均在规范和设计允许范围内，地铁车站及隧道监测指标亦满足设计要求，变形控制较好，本设计方案确保了基坑、地铁、周边建（构）筑物及地下管线的安全。

（2）场地地质条件和周边环境情况复杂，对变形控制要求极为严格，且基坑开挖深度较深，对围护结构要求较高，故采用地下连续墙/咬合桩＋角撑的支护方案。

（3）西侧中信金融中心项目基坑已基本开挖到底，预应力锚索进入到本项目用地红线内，支护设计既要保证中信基坑的正常安全使用，又不影响本项目的开挖施工，对支护设计方案要求较高，需充分考虑各个开挖、回填工况的安全稳定性。本项目支护设计首次采用两个基坑整体考虑的支护方案，既保证的基坑的安全，又节约了工程造价。

参考文献

[1] 初振环，王志人，陈鸿，等. 紧邻地铁盾构隧道超深基坑设计及计算分析 [J]. 岩土工程学报，2014，36（S1）：60-65.

[2] 张昌新，郑太航，余志江. 深圳地区花岗岩地层岩土工程特性及对地铁工程的影响 [J]. 铁道勘察，2014，40（5）：26-29.

[3] 刘动. 深圳地区深基坑开挖地下水控制研究 [J]. 勘察科学技术，2020（6）：43-48.

[4] 广东省基础工程集团有限公司，广东省建筑工程集团有限公司. 建筑基坑工程技术规程：DBJ/T 15—20—2016 [S]. 北京：中国城市出版社，2016.

联系方式

李沛，1985 年生，高级工程师，主要从事岩土工程勘察、设计与施工研究工作。

电话：15889620276；地址：广东省深圳市罗湖区深东路 1108 号福德花园 A 座 3 楼。

邮箱：380817565@qq. com。

珠海泰富国际大厦软土基坑支护设计方案

孙杰锋

【内容提要】 软土地区的深基坑开挖，基坑发生倾覆、隆起、支护结构破坏的现象时有发生，深基坑的支护设计需要综合考虑地质条件、环境条件、工期条件、施工的便利性，本文以珠海泰富国际大厦的基坑支护的成功案例，为软土地区基坑支护提供了一个较好的例子。

1　工程概况

珠海泰富国际大厦项目位于珠海市茂盛围跨境工业区内，场地西侧及南侧为西环路，东侧为大鹏仓储物流有限公司，北侧为跨境二路，交通便利，拟建筑物主楼地上19层，地下3层。

根据提供资料显示，场地±0.00标高4.20 m，地下室层高分别为4.5 m、4.0 m、4.2 m，－3F绝对标高为－8.50 m，底板800 mm及100 mm厚垫层，基坑底标高为－9.40 m。整平标高按3.90 m，基坑支护开挖深度为13.30 m，支护长度284.5 m，开挖面积4714.6 m^2。

2　工程地质条件

2.1　基坑周边环境

用地西、南侧为西环路，距项目基坑边线约4 m。用地北侧为跨境二路，距项目基坑边线约6 m。用地东侧为现有大鹏仓储物流有限公司办公楼，距项目基坑边线约8 m（图1）。

图 1　项目地理位置图

2.2　地层岩性

根据提供的勘察资料，基坑开挖深度范围内，主要地层为填土层、海陆交互沉积层、残积层、花岗岩风化带（图 2～图 6）。

(1) 填土层。

①素填土①-1：褐灰、褐黄色，层厚 2.60～3.40 m，平均 2.97 m。

②吹填砂①-2：褐灰色，层厚 2.50～4.00 m，平均 3.21 m。

(2) 海陆交互沉积层。

①淤泥②-1：褐灰、灰黑色，流塑，层厚 1.70～3.60 m，平均 2.55 m。

②黏土②-2：灰黄、褐红间灰白色，层厚 6.30～10.10 m，平均 8.59 m。

③粗砂②-3：褐黄、灰白色，层厚 1.10～5.80 m，平均 2.71 m。

④粉质黏土②-4：褐红、褐黄色，层厚 2.10～9.10 m，平均 5.45 m。

⑤砾砂②-5：褐黄、灰白色，层厚 1.30～7.30 m，平均 3.75 m。

⑥碎石②-6：灰白、灰黄色，层厚 0.60～2.30 m，平均 1.02 m。

(3) 残积层。

砾质黏性土③：褐黄间灰白色，层厚 1.30～6.50 m，平均值 3.30 m。

(4) 花岗岩风化带。

全风化花岗岩④-1：层厚 4.80～12.70 m，平均值 8.98 m。

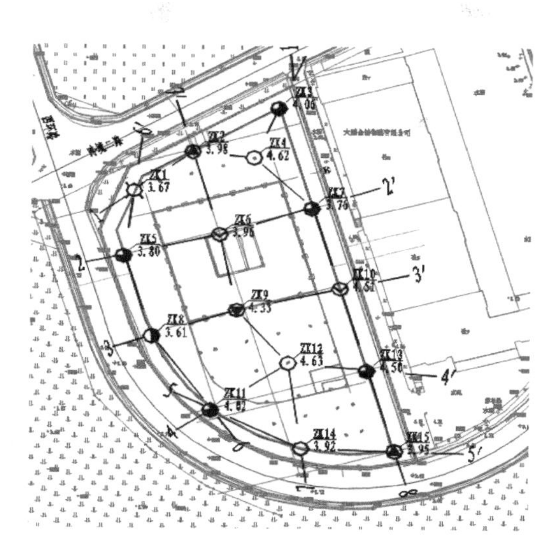

图 2　勘察钻孔平面图

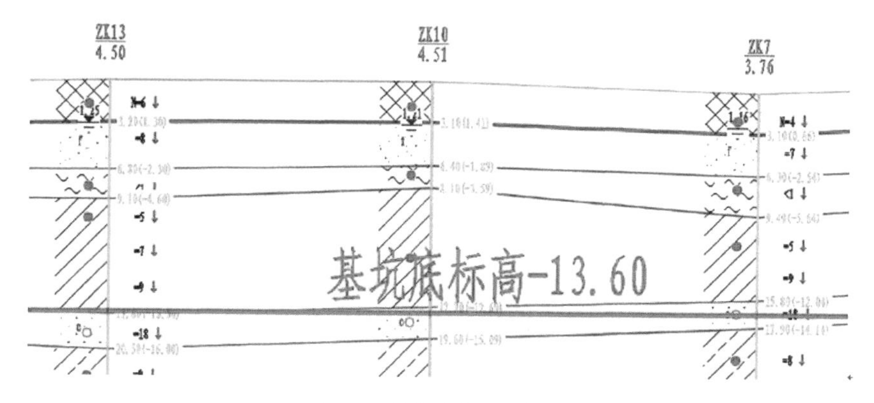

图 3　基坑东侧剖面图

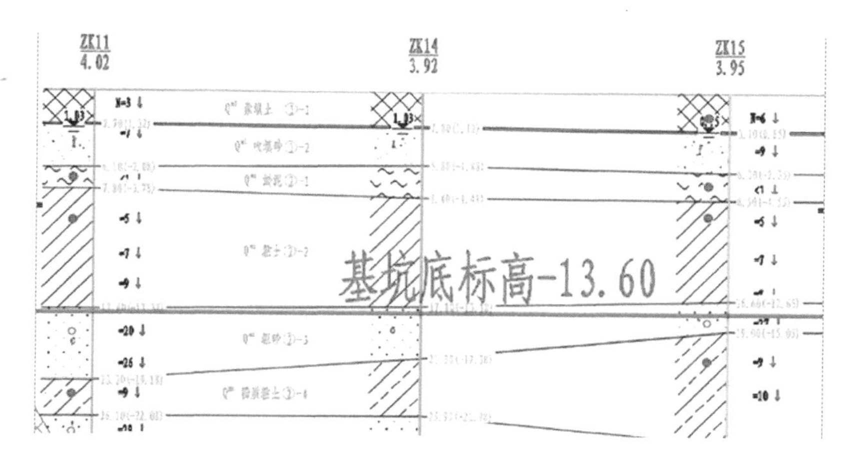

图 4　基坑南侧剖面图

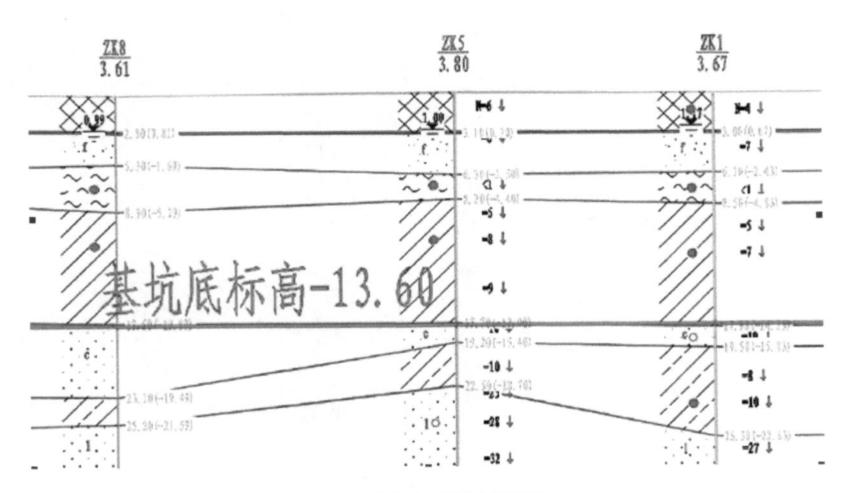

图 5　基坑西侧剖面图

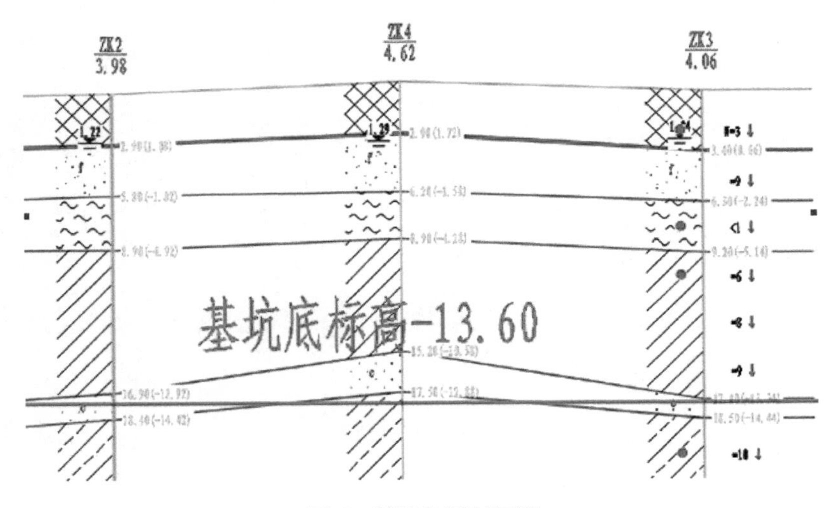

图 6　基坑北侧剖面图

2.3　水文地质条件

拟建场地地下水属潜水，根据其赋存方式分为：一是第四系土层孔隙潜水；二是基岩裂隙潜水。

第四系土层孔隙潜水在拟建场地内主要赋存的地层为第四系各地层，其中粗砂②-3为主要含水层及强透水性地层，赋存较丰富的地下水，它们都与大气降水和地表水联系密切，水位变化因气候、季节而异，丰水季节，地下水位明显上升。

基岩裂隙水主要是花岗岩各风化带裂隙潜水，基岩裂隙潜水具如下特征：即地下水的分布受赋存岩体裂隙发育程度的影响较大，具明显的各向异性特点，属非均质渗流场，在节理裂隙较发育的地段，裂隙水赋存较丰富，且透水性较强。

拟建场地地下水的补给来源主要是大气降雨和地下水侧向径流。根据本次勘察揭露，拟建场地地下水位变化较小，但由于勘察期间，连续降水，实测水位稍偏高。地下水水面埋藏深度介于0.90～1.40 m之间，相当于标高介于2.39～3.17 m之间。

3 基坑支护方案

3.1 方案选型

基坑开挖深度为13.3 m，依据以上对基坑周边环境、工程地质条件、水文地质条件的分析，综合考虑后确定本基坑安全等级为Ⅰ级。本基坑存在如下难点：

（1）基坑深度大，基坑水土压力较大，普通的支护方式难以实现；

（2）周边环境复杂，距离地下室边缘较近，基坑变形对周边环境影响较为敏感；

（3）地层条件复杂，软土强度较低，砂层储水量较大，渗透系数较大，土方开挖较为困难，对基坑止水要求较高；

（4）工期要求紧，需综合考虑基坑与主体结构施工的相互关系，合理布置基坑支护措施。

根据工程地质条件和环境条件，基坑不具备放坡条件和锚索施工条件，只能采用支撑结构，为便于土方开挖和坡道设置，结合塔楼的位置，尽量减少支撑对整体进度的影响，采用双环撑结构，土方车道自北进入第1个圆环内，抵达基坑底，再从第2个圆环出来，加快了出土效率，圆环的半径尽量大一些，将塔楼包含进来，避免塔楼与支撑梁冲突，节约整体工期，为加快施工进程，竖向支护结构采用旋挖灌注桩，水平支撑采用一道钢筋混凝土内支撑，竖向净空达到10 m，为土方开挖和地下室施工提供了足够的施工空间。

支护形式采用排桩＋内支撑支护方案，桩间搅拌桩、旋喷桩止水。本基坑开挖深度大，约为13.3 m，基坑开挖遇软土层、砂层，场地距离建筑物及道路近，对环境保护要求较高，基坑安全等级为一级，选择桩撑方案是合理的。

3.2 设计方案

（1）支护桩，直径1400 mm，间距1600 mm，桩长27.4 m，增强竖向支护结构，控制基坑位移。

（2）止水桩，采用塞缝桩，一根D600旋喷桩，一根D800搅拌桩桩长20 m，加强止水措施。

（3）采用一道支撑，环撑梁尺寸1800 mm×1100 mm，支撑梁尺寸1000 mm×1000 mm，环撑半径20.9 m，支撑中心距离坑底高度10.3 m，合理设置支撑，增加施工空间，便于结构施工。

（4）冠梁平地面，尽可能压缩支护结构空间，减小对周边环境的影响。

（5）基坑支护平面图及剖面图见图 7 及图 8。

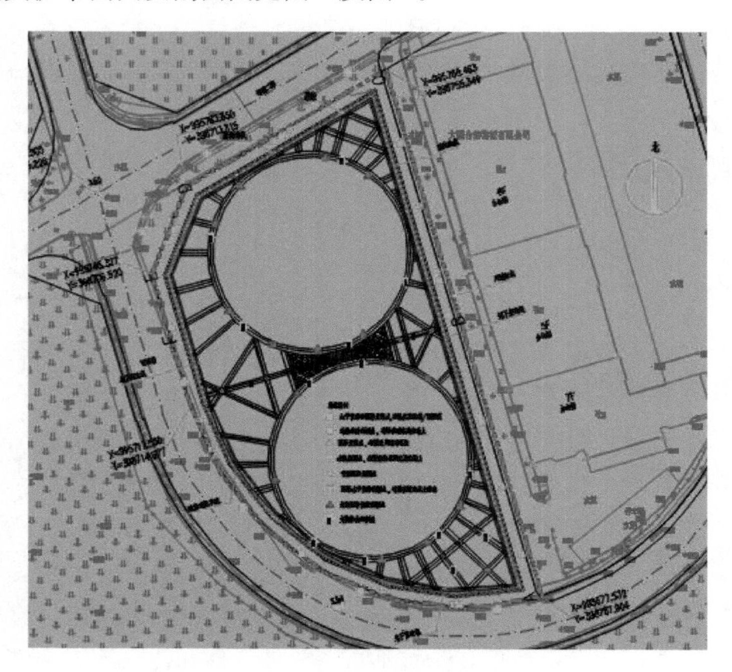

图 7　基坑支护平面图

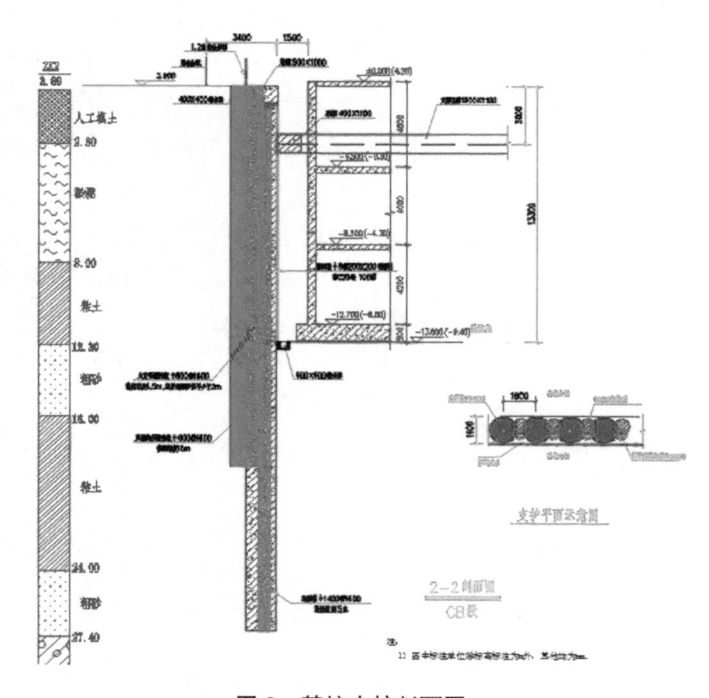

图 8　基坑支护剖面图

3.3 监测结果

（1）计算情况：计算采用理正深基坑7.0计算，根据计算结果基坑坡顶的水平位移变形约30 mm。

（2）实际情况：根据基坑监测情况，基坑开挖形成后，坡顶的最大位移25 mm，与计算结果较为接近。

4 评议与讨论

（1）基坑采用桩撑结构，有效地利用了场地，使地库面积最大化。

（2）支撑梁采用了环撑，最大程度地减少了对主体结构施工的影响。

（3）充分考虑了基坑出土困难的问题，提高支护桩的刚度和支撑梁的刚度，缩减了基坑的支撑层数，为机械设备在支撑下方挖土提供了足够的空间，提高了挖土的效率，节约了时间成本。

（4）同时采用桩间塞缝止水和帷幕止水，提高了基坑的密封效果，为地下室施工提供了良好的施工条件。

参考文献

[1] 刘建航，侯学渊，刘国彬，等. 基坑工程手册［M］. 2版. 北京：中国建筑工业出版社，2009.

[2] 中国建筑科学研究院. 建筑基坑支护技术规程：JGJ 120—2012［S］. 北京：中国建筑工业出版社，2012.

[3] 广东省基础工程集团有限公司，广东省建筑工程集团有限公司. 建筑基坑工程技术规程：DBJ/T 15—20—2016［S］. 北京：中国城市出版社，2016.

[4] 刘国宝. 大直径环形内支撑体系的优化设计与计算方法研究［J］. 现代交通技术，2010（6）：69-71.

[5] 解子军，魏建华，高强，等. 钢筋混凝土圆环内支撑在软土深基坑支护中的设计与应用［J］. 上海地质，2008（3）：22-26.

联系方式

孙杰锋，1979年生，高级工程师，主要从事岩土工程勘察、设计与施工研究工作。
电话：13536545877；地址：广东省珠海市香洲区拱北白石路白合街13号。
邮箱：66755209@qq. com。

珠海市方源大厦地基处理与基坑支护共同作用分析

孙杰锋

【内容提要】 珠海市属海陆交互地貌，软土分布广泛，给基坑土方开挖带来了极大的困难，对周边的环境影响也较大，经常出现工程桩偏斜、断桩，周边管线破裂、地面沉降开裂等。本文以珠海市方源大厦项目的地基处理与基坑支护为例，提供了一种有效的处理措施，有效地减少了基坑开挖对工程桩的影响、基坑开挖对环境的影响以及工程桩施工对周边环境的影响。

1 工程概况

拟建方源大厦发展项目位于珠海市保税区情侣北、天科路西侧，湾仔海事处旁，规划总用地面积约 4785 m^2，总建筑面积约 18916 m^2，其中地下车库 1 层约 3247 m^2，地上部分办公楼 19 层约 15669 m^2。拟采用桩基础，场地整平标高约 3.20 m。

根据建筑设计单位提供相关图纸，±0.00 m 标高相当于绝对标高 4.60 m，地下室底板顶标高－5.75 m，底板厚度 400 mm，垫层厚度按 150 mm 考虑，则基坑底标高为－6.30 m，相当于绝对标高－1.70 m，基坑开挖深度为 4.90 m（考虑至地下室底板垫层底），电梯基坑及核心筒承台最大开挖深度相对大基坑 2.70 m。基坑支护总面积 4549.70 m^2，基坑支护周长 269.60 m。

2 工程地质条件

2.1 周边环境

场地东侧，距离地下室边线 38.60 m 为拱北海关缉私局海口缉私处大楼，2 栋，6 层，桩基础；场地南侧，距离地下室边线 18.70 m 为湾仔海事处，3 层，桩基础；场地西侧、北侧为规划道路，尚未建设。场地内人工填土堆填时间大于 10 年（图 1）。

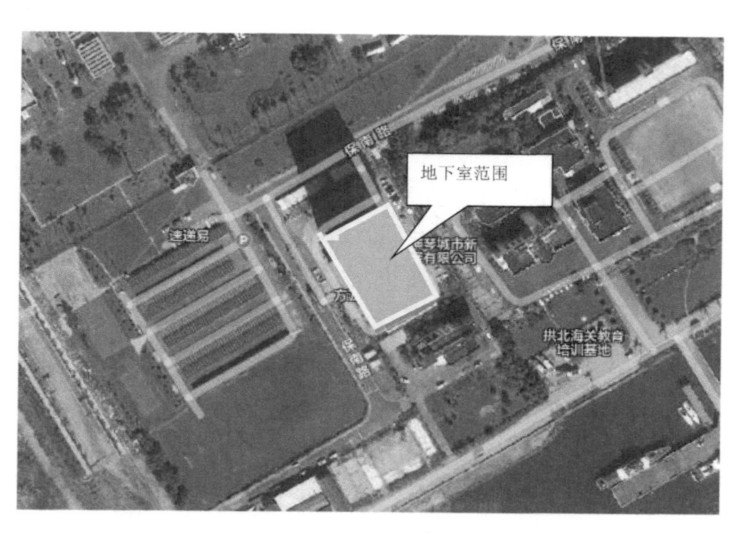

图 1　项目地理位置

2.2　地层岩性

基坑开挖深度范围内，主要地层为人工填土层、淤泥、黏土层。

（1）人工填土①-1：褐黄、褐灰色，层厚 0.80～1.80 m。

（2）人工填土①-2：褐灰、灰黑色，层厚 2.80～5.90 m。

（3）淤泥②-1：灰黑色，层厚 10.40～16.20 m。

（4）黏土②-2：褐黄、褐红色，层厚 1.30～4.70 m。

典型地质剖面见图 2。

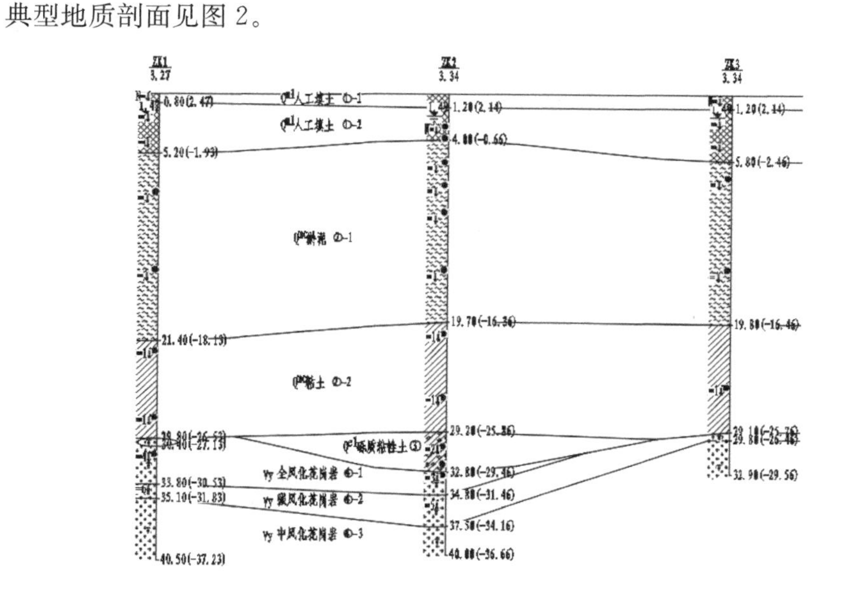

图 2　典型地质剖面

2.3 水文地质条件

影响本基坑的地下水主要为赋存于第四系各地层中的孔隙潜水，它们都与大气降水和地表水联系密切，水位变化因气候、季节及潮汐而异，丰水季节，地下水位明显上升，第四系各地层多处于饱水状态，其中人工填土①-2（吹填砂）及粗砂②-3属强透水性地层，赋存较丰富的地下水。地下水水面埋藏深度介于1.70～2.00 m之间，相当于标高1.42～1.49 m。

3 地基处理

3.1 地基处理目的

（1）基坑为软土基坑，工程桩在地面施工时，基坑开挖到软土时易对工程桩造成破坏，后期补桩困难。

（2）如工程桩在坑底施工，需要大量的换填，增加了基坑开挖的深度，对基坑施工不利。

（3）地层条件复杂，软土强度较低，周边环境复杂，软土基坑易对周边环境造成不利影响。

（4）工期要求紧，需加快基坑出土，完成地下室施工。

3.2 地基处理方案

（1）场地采用再生型塑料排水板，排水板预先打入场地，工程桩施工时利用排水板作为竖向排水通道，加快软土固结，提高软土强度，减小挤土效应的影响（图3）。

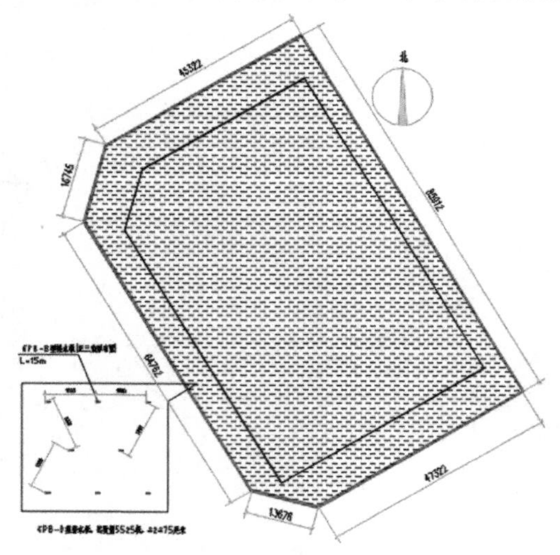

图3 塑料排水板平面图

（2）场地内设置一定数量的降水井，打桩过程中，加强场地排水，加速排水固结（图 4）。

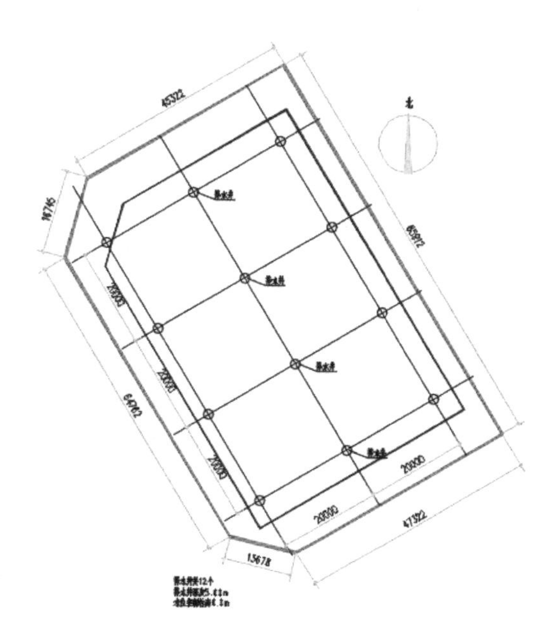

图 4　降水井平面图

4　基坑支护

4.1　基坑支护方案

基坑支护采用重力式水泥搅拌桩，对坑底进行封底，电梯坑中坑采用钢板桩＋钢管内支撑，本基坑开挖深度大，约为 4.9 m，基坑内开挖揭露淤泥层，主要开挖地层为填土层，场地距离建筑物及道路近，对环境保护要求较高，基坑安全等级为二级，选择重力式水泥土搅拌墙方案是合理的（图 5、图 6）。

主要的基坑支护措施如下：

（1）采用搅拌桩重力式墙结合土钉墙的方式进行支护；

（2）坑底做好搅拌桩加固对工程桩进行保护；

（3）工程桩在地面施工，并利用挤土效应通过排水板将软土孔隙水排出，达到提高软土强度的目的。

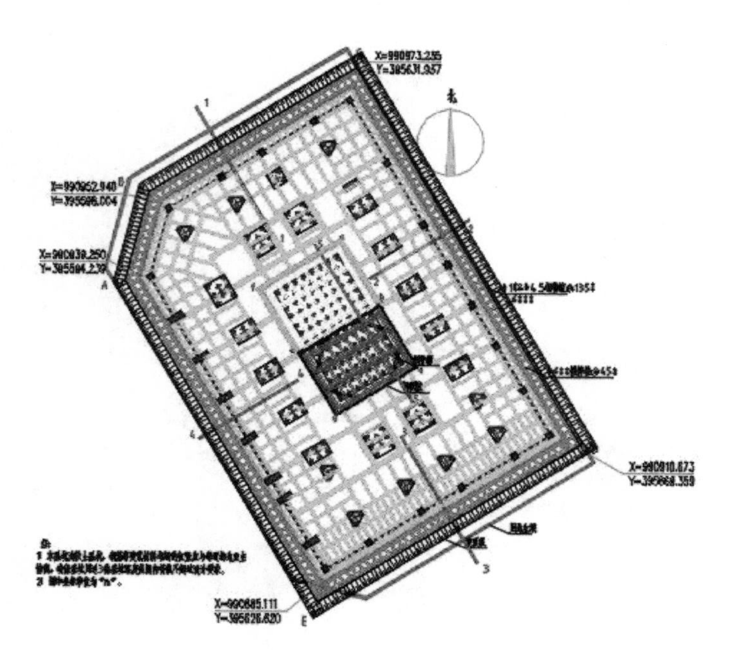

图 5　基坑支护平面图

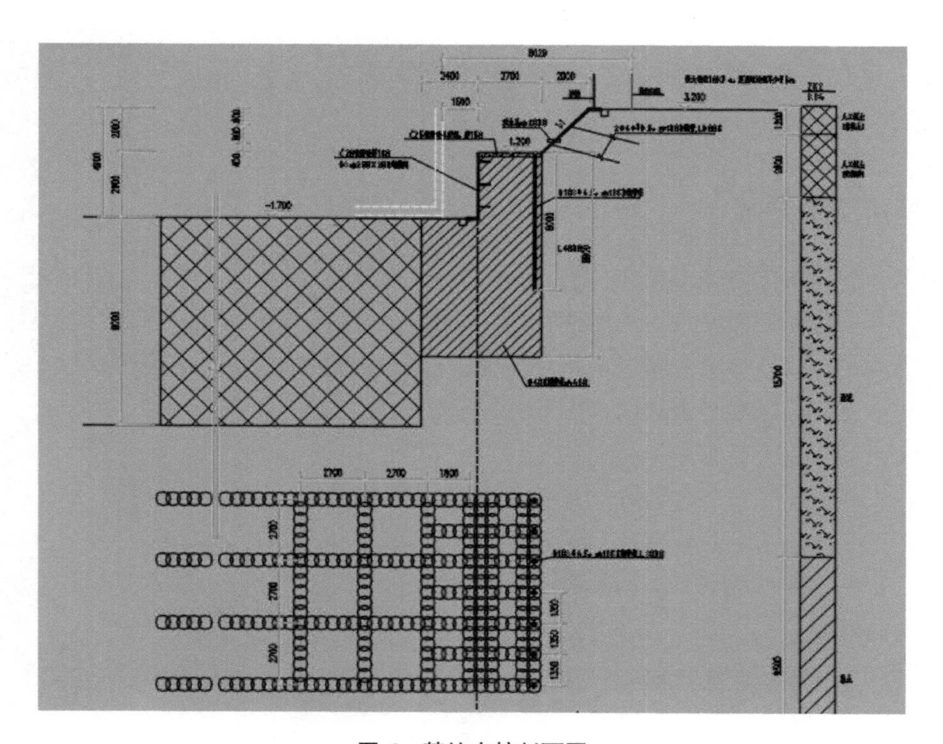

图 6　基坑支护剖面图

4.2 地基处理与基坑支护的共同作用

基坑设计需满足基坑边坡的整体稳定性、抗倾覆稳定性、抗隆起稳定性，由于软土的厚度较大，常规的搅拌桩受机械的影响，难以穿透软土层，本次设计采用悬挂式的重力式水泥土墙结构，坑内再结合搅拌桩对基坑内土体进行加固，前期工程桩施工时，排水板排出了大量的软土孔隙水，基坑支护搅拌桩施工时，搅拌桩采用粉喷法施工，软土中的孔隙水再次被水泥干粉吸收，大大加强了软土的固化效果，提升了软土强度，增强了工程桩的稳定性，搅拌桩与塑料排水板的共同作用，也大大地提高了基坑抗滑安全性和整体稳定安全性，重力式挡墙上部结合一定的放坡，提高了基坑抗倾覆稳定性，通过以上措施，提高了基坑开挖的安全性，最大程度地减少了基坑开挖对工程桩的影响，开挖到坑底检测时，工程桩均为Ⅰ类桩；基坑周边的变形情况也得到了很好的控制，有效地保护了周边道路、管线等。

5 基坑支护监测成果

设计计算结果：根据计算结果基坑坡顶的水平位移变形约 17 mm（图 7）。

实际监测结果：根据基坑监测情况，基坑开挖形成后，坡顶的最大位移 20 mm，与计算结果较为接近。

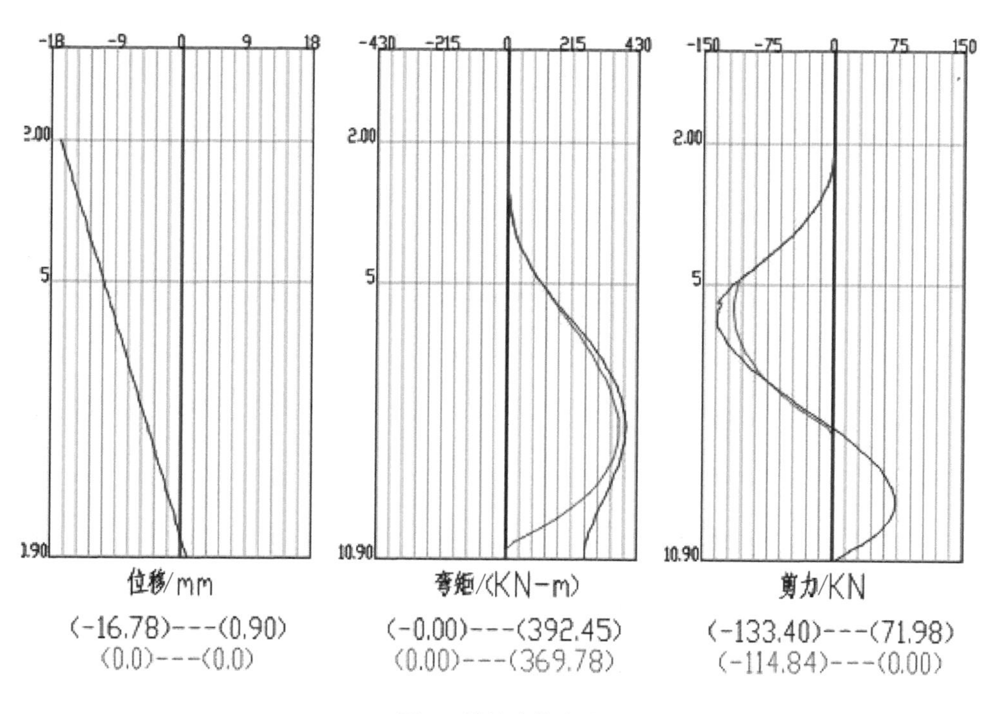

图 7　基坑支护内力图

6 评议与讨论

（1）本基坑采用重力式水泥土挡墙，根据珠海地区经验，重力式水泥土挡墙的支护方式适宜于一层地下室的软土基坑。

（2）为了提高软土的强度，加速软土的固结，可利用工程管桩的挤土效应，结合塑料排水板的作用变害为利。

（3）坑中坑局部开挖深度较深，采取钢板桩＋钢管内支撑＋坑内封底的措施是安全可靠的。

参考文献

[1]《工程地质手册》编委会. 工程地质手册［M］. 5 版. 北京：中国建筑工业出版社.

[2] 中国建筑科学研究院. 建筑基坑支护技术规程：JGJ 120－2012［S］. 北京：中国建筑工业出版社，2012.

[3] 广东省基础工程集团有限公司，广东省建筑工程集团有限公司. 建筑基坑工程技术规程：DBJ/T 15－20－2016［S］. 北京：中国城市出版社，2016.

[4] 高长胜，汪肇京，刘家豪. 塑料排水板在工程中的应用及功效［C］//第五届全国塑料排水工程技术研讨会论文集. 北京：海洋出版社，2002.

联系方式

孙杰锋，1979 年生，高级工程师，主要从事岩土工程勘察、设计与施工研究工作。
电话：13536545877；地址：广东省珠海市香洲区拱北白石路白合街 13 号。
邮箱：66755209@qq. com。

华彩海口湾广场项目基坑支护与止水设计

聂 颖

【内容提要】 本项目位于海边，地下水位埋深浅，存在较厚的回填砂层与软土层，地质条件与水文条件较为复杂，基坑设计采用排桩+混凝土内撑支护结构，并在基坑周边布置三轴搅拌桩止水帷幕，坑内布置疏干井与减压井，成功进行了基坑支护施工，为类似项目的设计与施工提供了借鉴经验。

1 工程概况

拟建华彩海口湾广场项目位于海南省海口市海甸岛，世纪大桥西侧，东邻碧海大道，交通便利。拟建两栋高层塔楼，下设三层地下室。建筑室外正负零标高为 4.60 m，室内正负零为 4.90 m，东、西塔楼地下室基底绝对标高为−12.20 m（核心筒部位基底标高为−14.20 m），裙楼地下室开挖底面绝对标高为−10.50 m。项目场地地势平坦，现自然地坪绝对标高约为 3.20 m。基坑开挖深度 13.70 m～15.40 m。

基坑北侧为空地，地下室外墙距用地红线约为 4 m，该空地作为材料堆场、搭设生活板房等施工场地；基坑其余各侧皆为沉箱护岸，沉箱宽约 5.2 m，沉箱外侧为大海，地下室外墙至用地红线（即沉箱护岸的外边线）距离约为 20 m。基坑场地四周均无任何地下管线。基坑周边环境平面见图 1。

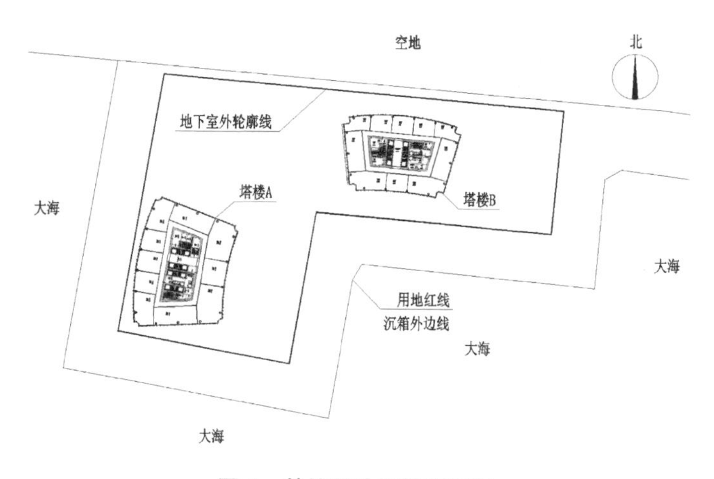

图 1 基坑周边环境平面图

2 地质条件

2.1 工程地质条

场地内埋藏的地层有人工填土层（Q^{ml}）、第四系全新统海相沉积层（$Q_4{}^m$）、第四系下更新统海相沉积层（$Q_1{}^m$）和第三系上新统海相沉积层（$N_2{}^m$）。将场地范围内所揭露的地层详细划分为5个岩性单元层，各地层及其分布情况列于表1。

表1 场地内地层分布情况表

地层		地层序号	揭露厚度范围值/m	揭露厚度平均值/m	层顶埋深/m	层顶高程/m
时代成因	地层名称					
Q^{ml}	素填土	①	8.70 ～ 15.70	13.02	0.00	2.69～3.32
$Q_4{}^m$	淤泥质粉质黏土	②	0.70～13.60	4.17	0.00～14.80	－12.06～0.16
$Q_1{}^m$	黏土	③	0.60 ～ 7.20	2.63	11.70～19.30	－16.21 ～ －9.56
	粉砂	④	0.70 ～15.30	4.04	8.70 ～23.10	－20.34 ～ －5.75
$N_2{}^m$	黏土	⑤	7.90 ～56.80	28.31	13.20～26.20	－23.23 ～ －10.25

典型地质剖面图如图2。

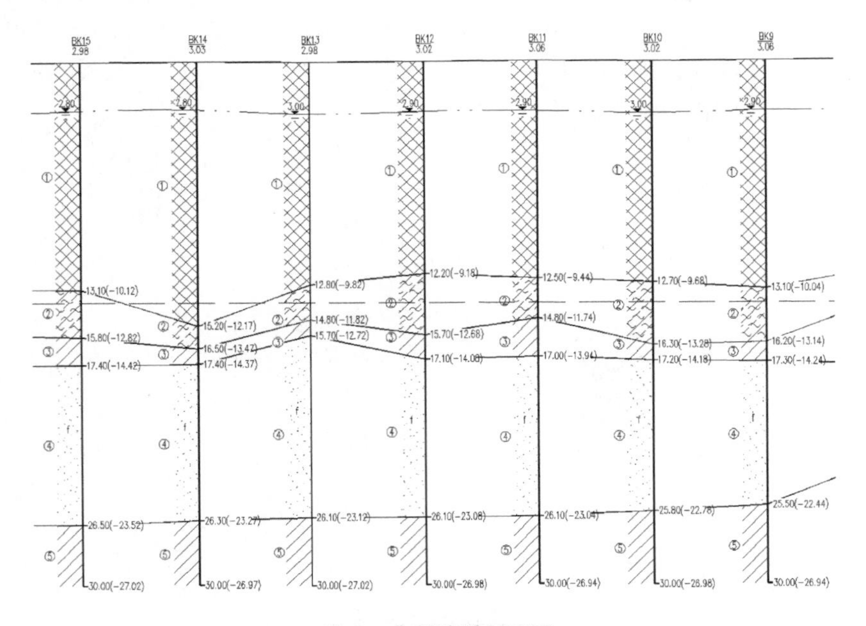

图2 典型地质剖面图

2.2 各地层主要力学参数

各地层主要力学参数如表2。

表2 场地内地层主要力学参数表

地层＼指标	地基承载力特征值 f_{ak}/kPa	压缩模量 E_s/MPa	天然重度 γ/(kN/m³)	直接剪切				三轴试验（UU）	
				快剪		固结快剪			
				黏聚力 C_k/kPa	内摩擦角 φ_k/°	黏聚力 C_k/kPa	内摩擦角 φ_k/°	黏聚力 C_k/kPa	内摩擦角 φ_k/°
素填土①	—	—	(17.5)	(5.0)	(15.0)	—	—	—	—
淤泥质粉质黏土②	50	2.4	16.7	13.0	8.0	—	—	9.3	3.0
黏土③	160	3.8	18.9	—	—	30.0	14.4	—	—
粉砂④	170	13*	(19.5)	(10.0)	(25.0)	—	—	—	—
黏土⑤	210	5.1	17.9	—	—	39.0	18.1	—	—

2.3 水文地质条件

地下水类型主要为存于素填土①、淤泥质粉质黏土②、粉砂④中的孔隙型潜水，水位埋深较浅，主要受大气降水和侧向径流补给，水位随季节变化，地下水径流较快，地下水排泄以径流为主，以蒸发为次。钻孔地下水稳定水位埋深在2.80～3.70 m间，相当于标高−0.79～0.32 m。素填土①层的渗透系数分别为18.94 m/d、17.39 m/d，即2.3×10^{-2} cm/s、2.0×10^{-2} cm/s。

3 主要环境地质问题

（1）场地位于海边，距离大海仅20 m，地下水位埋深浅，基坑开挖揭露地层为强透水性地层，水量很大，基坑止水最为关键。

（2）基坑深度13.80 m～15.95 m，深度较大，双排桩方案不可靠。基坑周边与已建沉箱距离较近，沉箱外侧即为大海，无法施工锚索。

（3）场地原为海岸滩涂地貌，因修建游艇码头，挖除部分淤泥后，沿周边修建沉箱护岸，在沉箱基底抛填大量玄武岩块石，块石直径0.3 m～1.0 m不等，块石给止水帷幕施工带来极大困难。

（4）场地内采用中细砂回填整平，基坑开挖范围内填土厚度大，达9.50 m～16.60 m，坑底部位存在软土，软土厚度为0.50 m～4.30 m。

4 基坑支护与止水设计

4.1 支护设计

本基坑位于海边，水位埋深浅，填土厚度大，通过桩锚支护、双排桩支护、排桩＋内撑支护等几种支护形式综合对比，从安全经济角度考虑，最终选定排桩＋内撑支护形式。基坑深度较大，初步设计采用三道混凝土内撑，工期较长，后修改为两道混凝土内撑，减短工期。

本次基坑支护围护桩采用直径 1.2 m 灌注桩，桩心距 1.4 m，桩长 27～33 m，混凝土标号为 C30。设置两道水平支撑，均采用混凝土支撑，第一道支撑围檩截面为 1400 mm×800 mm，主撑梁截面 1200 mm×800 mm，连系梁尺寸为 800 mm×800 mm，第二道支撑围檩截面为 1400mm ×1100 mm，主撑梁截面 1200 mm×1100 mm，连系梁尺寸为 800 mm×800 mm，支撑结构混凝土标号均为 C35。支撑柱采用钢格构立柱，下设桩基础，为节约造价，立柱桩尽量利用建筑物桩基础，立柱桩共计 96 根，其中利用建筑物桩基 71 根。

场地地坪绝对标高为 3.20 m，冠梁顶绝对标高为 2.20 m，第一道支撑中心轴绝对标高为－0.80 m，第二道支撑中心轴绝对标高为－6.20 m，水平支撑布置原则除保证支撑自身承载力和刚度外，尚应留出足够空间避开两个塔楼核心筒和型钢外框柱（图 3、图 4）。

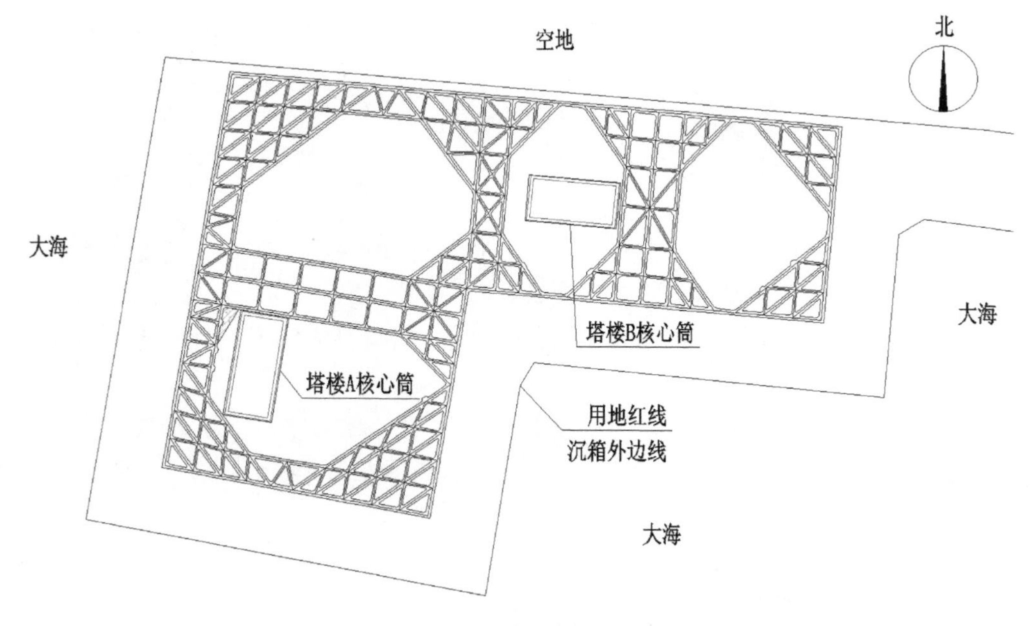

图 3　基坑支护平面图

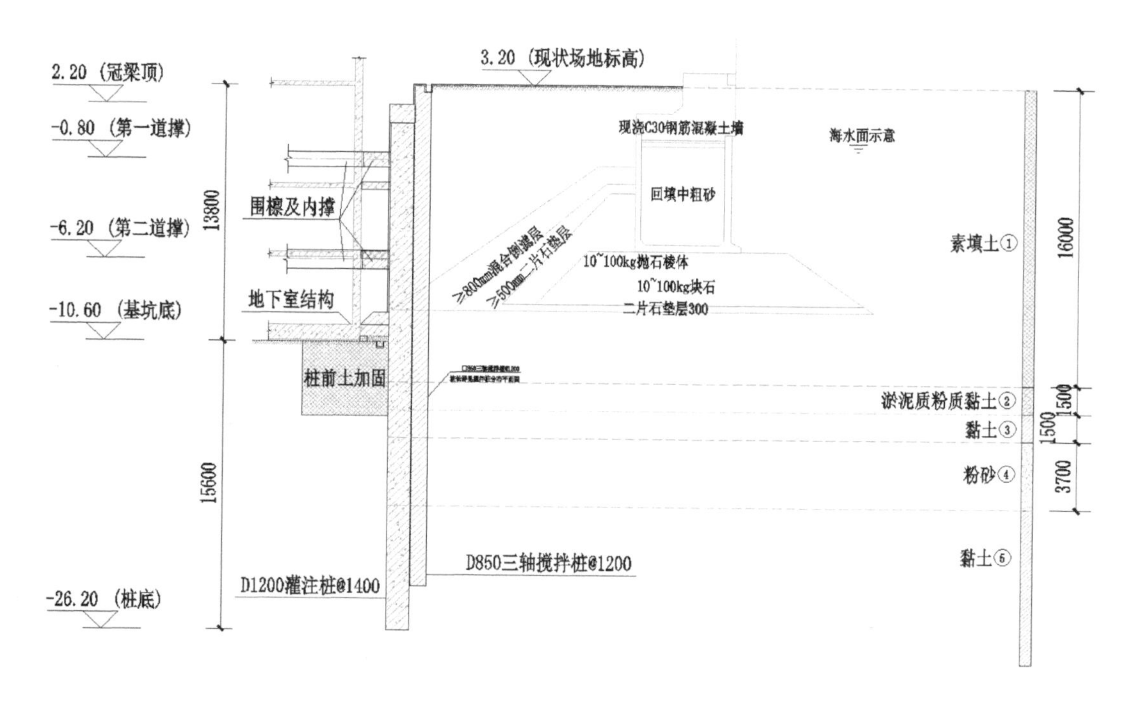

图4　基坑支护典型剖面图

4.2　止水与降水设计

基坑开挖深度为13.70 m～15.40 m，地下水位降深将达到11 m～13 m，止水与降水设计必须保证基坑施工的需要。由于基坑临近海边，且在基坑开挖深度范围内，主要含水层素填土①与粉砂④层均为强透水性地层，因此止水帷幕设计施工是本项目的重中之重。

本次基坑止水设计考虑采取“隔水”措施，在灌注桩外围布置一排三轴搅拌桩作为止水帷幕，三轴搅拌桩直径为850 mm，水平间距1200 mm，套接一孔施工，水泥掺入量25%。搅拌桩穿透强透水性地层，进入下部弱透水地层黏土⑤层至少2米后方可终孔。根据场地强透水性地层分布厚度，搅拌桩桩长确定为22 m～28 m。搅拌桩冷缝搭接处，在外围补打三重管高压旋喷桩进行封闭。

基坑内布置疏干井降水，管井直径600 mm，井深20 m，共布置29口井，其中10口井兼做减压井。降水井布置原则以不干扰主体结构施工、不与支撑结构冲突为原则，尽量布置在空档位置。为控制降水时间与降水速率，基坑开挖前7天开始降水。降水周期持续至地下室底板后浇带封闭。

5 施工关键技术

（1）基坑在施工三轴搅拌桩止水帷幕时，由于外侧施工沉箱护岸，在沉箱基底抛填大量玄武岩块石，块石直径0.3 m～1.0 m不等，埋深约10 m，三轴搅拌桩难以穿透玄武岩块石，尝试采取旋挖机引孔，由于场地内回填10 m左右细砂呈松散状态，旋挖引孔后极易垮孔，致使上部地面塌陷，一度导致旋挖机发生倒塌，所幸未发生人身安全事故。后经会议商讨，为防止引孔段垮孔，在块石上部填土中施工5排三轴搅拌桩加固土体，然后分槽段连续进行引孔，成槽长度4.5 m，采用跳打方式，防止成槽后出现垮孔现象；引孔成槽后应及时进行砂土回填，采用间隔槽段引孔，间隔槽段施工止水桩方式。由于填土中块石大小不一，旋挖钻头不能确保将块石取出，有些块石被挤压至外侧，有些块石则被钻头挤压至下部土层，故引孔深度确定为与止水桩深度相同，确保引孔达到预期效果。

（2）由于玄武岩分布区域需要进行止水帷幕引孔，三轴搅拌桩连接处必然出现冷缝，在冷缝外围布置5～8根三重管高压旋喷桩进行补强，确保冷缝搭接处不出现漏水。

（3）基坑开挖后，总体上止水效果良好，因施工原因局部区域有漏水的情况，现场及时在坑内用砂袋进行回填反压封堵，同时在坑外补打三重管高压旋喷桩。经处理后，坑壁仅有少量渗水。在基坑开挖至10 m深时，坑内外水头差达7 m左右，坑底黏土⑤中分布有粉细砂薄夹层，部分海水从粉细砂夹层中渗透入原勘探钻孔内，形成坑内少量涌水的情况，进行封堵后涌水消失，未形成管涌。

6 监测

6.1 监测方案

本基坑工程对灌注桩桩顶水平与竖向位移、桩深部水平位移、支撑结构内力、坑边地面沉降、坑边构筑物变形监测、支撑立柱沉降监测、坑位地下水位监测等项目进行监测，其中桩顶水平与竖向位移监测点共布置38个，桩深部水平位移测斜点共布置8个，坑边构筑物变形监测点共布置16个，支撑结构内力监测点共布置48个，坑边地面沉降监测点共布置83个，支撑立柱沉降监测点共布置15个。监测平面布置如图5。

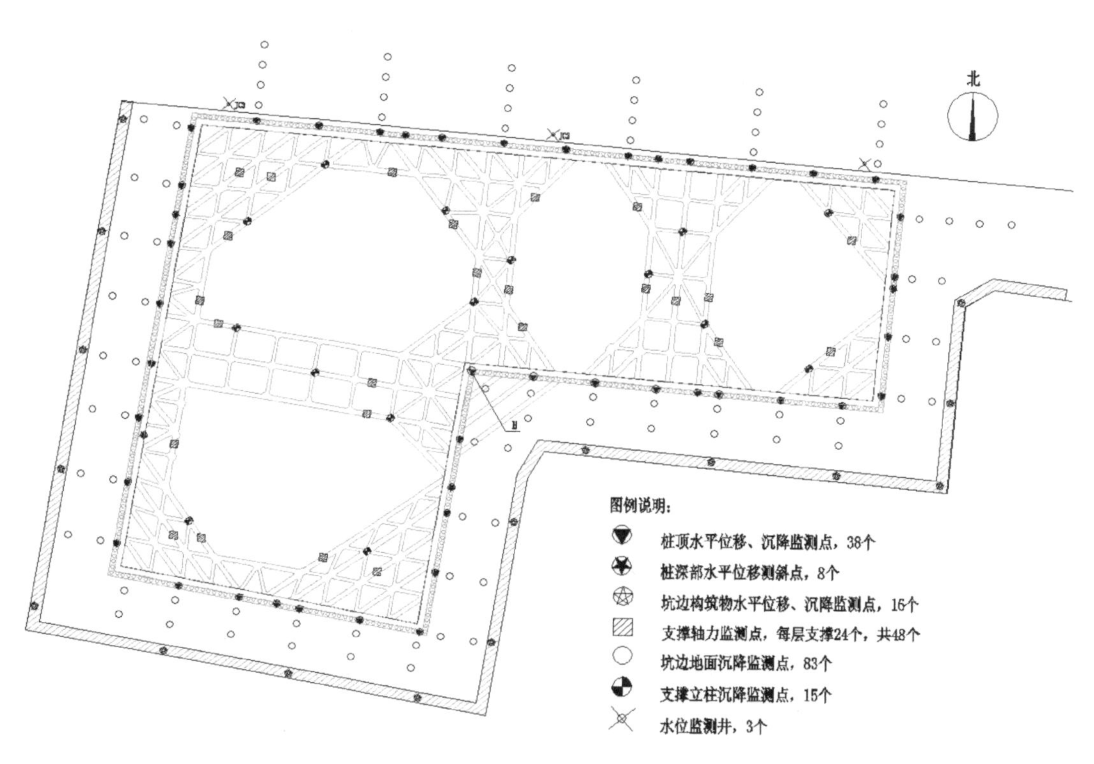

图5　基坑支护监测平面图

6.2　监测数据

基坑监测自2018年12月开始至2020年10月止，历时将近2年，结果如下。

（1）灌注桩桩顶最大水平位移为20.2 mm，发生在场地中部阳角区域；灌注桩桩顶最大竖向位移为−7.48 mm（即向上位移），发生在场地西侧靠近海边南段区域。

（2）灌注桩桩深部最大水平位移为28.3 mm，发生在场地北侧中段区域。

（3）坑边构筑物变形最大竖向位移为−5.56 mm（即向上位移），发生在场地西南角。

（4）坑边地面沉降监测最大竖向位移为38.11 mm，发生在场地西侧。该侧由于发生过止水帷幕渗漏，流水带出部分砂土，导致上部土体出现偏大沉降，封堵漏水点后，该点沉降无继续变化。其余各区域地面沉降竖向位移均小于30 mm。

（5）支撑立柱沉降监测最大竖向位移为26.08 mm，发生在场地中部阳角区域支撑梁下。

（6）支撑结构内力监测，第一层支撑最大轴力为12192 kN，位于场地东侧对撑桁架主撑梁上；第二层支撑最大轴力为10453 kN，位于场地西侧对撑桁架主撑梁上。

6.3 监测数据分析

通过基坑监测数据与理论计算结果对比，发现桩顶水平位移、桩深部水平位移、坑边地面沉降、支撑立柱沉降及第二道支撑内力等监测项目，实际监测结果相较于理论计算值偏小，而第一道支撑内力监测项目，实际监测结果相较于理论计算值偏大，但尚处于结构安全冗余度范围之内。分析其原因，可能是由于第一道支撑受压后，周边灌注桩桩身已发生变形，上部土体侧压力全部由第一道支撑来承担，第二道支撑施工后，桩身变形已完成一大半，使得第二道支撑受力偏小。这与理正深基坑、启明星等软件计算结果相悖。

7 评述与讨论

（1）对于靠近海边的深基坑项目，止水是成功的关键。本场地距离大海仅 20 m，如果止水没做好，海水涌入基坑内，将直接导致基坑无法开挖。本项目采用直径 850 mm 三轴搅拌桩作为止水帷幕是可行的，但要严格执行搅拌桩桩身垂直度、水泥掺入量以及冷缝搭接处的补强处理等关键技术要求。止水帷幕出现漏水点后，应立刻在坑内堆填反压，并在坑外补打三重管高压旋喷桩封闭。本项目基本上做到了坑内无水或仅有少量水，取得了满意的效果，为邻近海边的深基坑止水提供了借鉴经验。

（2）内撑轴力理论计算结果与杆件实际内力分布差异较大。根据理正深基坑软件与同济启明星软件计算结果，第二道支撑杆件轴力普遍大于第一道支撑杆件轴力，但实际情况并非如此，第二道支撑与第一道支撑轴力相差不大，甚至略小于第一道支撑；采用启明星 BSC 模块进行单层支撑平面内稳定计算时，计算各杆件内力情况与实际杆件内力情况差异较大，但实际最大轴力与计算最大轴力数据相差不大，可能是由于土压力分布不均、杆件刚性连接造成应力局部集中等因素造成，其总体内力分布仍然符合桁架体系理论，因此软件计算仍有指导设计的实际意义。

（3）内撑桁架体系为整体受力，拆除其中某个部分时会导致桁架体系内力重新分布，导致部分其他杆件内力突然增大。本项目内撑梁轴力监测数据显示，拆除第二道支撑梁中某一根主撑梁时，桁架体系内力重新分布会导致第一道支撑与第二道支撑中部分杆件内力突然增大，之后内力变化趋于收敛，不会再有大的变化。支撑轴力超出预警值时，不一定代表支撑体系出现险情，可以通过桩顶水平位移、坑边地面沉降、桩深部水平位移等监测数据，结合支撑体系是否产生变形或裂缝、基坑周边巡视结果等综合判定。

（4）合理调整支撑布置标高，尽量减少桩身弯矩，本项目从最初的三道支撑优化为两道支撑，大大节约了造价与工期。同时合理调整支撑布置平面，避开塔楼核心筒部位，不影响塔楼关键工序正常施工，满足了业主单位在不拆撑的前提下塔楼可以提前往上施工的要求。

参考文献

［1］李久奎. 复杂环境下高水位深基坑支护渗漏止水施工技术［J］. 区域治理，2018（12）：229.

［2］宫家良. 临海软土深基坑支护技术研究及应用［D］. 淮南：安徽理工大学，2017.

［3］符纳，刘勇健，王颖，等. 软土地基深基坑支护工程监测及变形特性分析［J］. 广东工业大学学报，2013（1）：38-44.

［4］中国建筑科学研究院. 建筑基坑支护技术规程：JGJ 120—2012［S］. 北京：中国建筑工业出版社，2012.

联系方式

聂颖，1986 年生，高级工程师，主要从事岩土工程勘察、设计与施工研究工作。
电话：13976906015；地址：海南省海口市龙华区滨海大道信恒大厦 1909 室。
邮箱：13976906015@163. com。

第3编　岩土工程施工
(共3篇)

九江长江沿岸废弃矿山群生态修复技术

叶木华，张　敏

【内容提要】 本文以彭泽县长江沿岸废弃矿山群生态修复项目一期狮子山—镜子山治理工程为例，通过对该项目地质条件及生态环境地质问题的剖析，介绍了项目采用的主要生态修复技术，为国内废弃矿山群的生态修复提供了可借鉴的经验。

1　工程概况

彭泽县长江沿岸废弃矿山群生态修复项目一期狮子山—镜子山治理工程位于彭泽县龙城镇长江南岸。20 世纪 50 年代前，长期的石灰岩开采已对长江南岸的狮子山和镜子山进行了大规模的挖损，使得这两座山体基岩裸露、植被破坏，原始山体遭到了严重破损。受断层构造影响，项目区节理裂隙极为发育，岩石极为破碎，加之采石形成陡崖以及矿山开采过程中爆破影响，导致矿山地质灾害崩塌（危岩体）以及滑坡地质灾害频发，严重威胁当地群众安全，且破损区均处于长江黄金航道可视范围内，视觉景观极差（图 1）。

图 1　项目区范围示意图

2 地质条件

2.1 工程地质条件

治理区地处彭泽县龙城镇朝阳码头旁边的镜子山和狮子山，属溶蚀剥蚀丘陵地貌区。

镜子山最高海拔 171.60 m，北侧山脚沿江路地面高程 20.60 m，最大高差约 151.0 m。山体呈南东走向，山势陡峻，山脊鱼背状，山体坡度一般 35°～40°，地表植被发育，表面多为杂草和灌木，有少量乔木（图 2）。

图 2 镜子山丘陵地貌

狮子山最高海拔 91.97 m，北侧山脚地面高程 13.65 m，最大高差约 78.32 m。山体呈东西向，山势陡峻，山体坡度一般 25°～40°，地表植被发育，表面多为杂草和灌木，有少量乔木（图 3）。

图 3 狮子山丘陵地貌

2.2 地层岩性

根据区域地质图及钻探勘查，区内出露地层岩性由新到老分述如下。

（1）人工填土（Q^{ml}）：堆积时间10年左右，灰褐色，揭露深度2.0～13.8 m。

（2）残坡积层（Q^{el+dl}）：主要由粉质黏土组成，深度约2.0 m。

（3）崩塌堆积层（Q^{col}）：主要由石灰岩崩塌体掉落的岩块堆积而成，呈松散状，深度1～3 m不等。

（4）中风化石灰岩（P_{1q}、P_{1m}）：灰褐色、灰白色，揭露最大深度为21.5 m。

2.3 地质构造

根据现场调查并结合区域地质资料，在镜子山和狮子山各存在一条明显的断层，分别命名为断层F1以及断层F2。

（1）断层F1。

该断层主要分布在镜子山、观音山一带，呈北东走向，长度约5.0 km，破碎带宽度一般6～15 m，断层面产状为290°∠65°。受该断层的影响，镜子山地层产状发生了变化，部分岩层与地面垂直，同时沿断层发育多个小型褶皱，且镜子山岩体破碎，节理裂隙极为发育。

（2）断层F2。

该断层主要分布在狮子山一带，断层走向在平面呈弧形，长度约0.7 km，破碎带宽度一般6～10 m，断层面产状为310°∠60°。受该断层的影响，狮子山岩体节理裂隙发育，岩体较破碎。

2.4 水文地质

（1）地表水。

勘查区西北侧60 m处为长江，长江河道宽0.6～3 km，深35～70 m，边岸坡度一般为1∶2～1∶3。1971～2001年，年平均水位标高9.93 m（黄海高程，下同），最高水位19.72 m（1998年8月1日）。场区地表水补给来源主要为大气降雨，水体顺山坡散流，顺势向山下沟谷溪河排泄或排入道路边沟，部分以蒸发形式排泄或下渗补给地下水。

（2）地下水类型。

根据治理区地下水赋存条件及水动力特征，区内地下水类型主要分为松散岩类孔隙水以及碳酸盐溶洞-裂隙水。

①松散岩类孔隙水。

松散岩类孔隙水主要赋存于第四系人工填土层和第四系坡残积土中，渗透性差，含水量贫乏。主要接受大气降水直接补给，水量具明显季节性。区内各地层出露条件一般较好，大气降水是地下水的主要补给来源。

②碳酸盐溶洞-裂隙水。

碳酸盐溶洞-裂隙水含水岩组为二叠系茅口组（P_{1m}）和栖霞组（P_{1q}）地层，地下水主要赋存于基岩裂隙带及溶蚀孔洞中，地下水位埋深一般小于 30 m，地层富水性较好，单井涌水量一般大于 1000 t/d。

（3）地下水的动态特征。

区内地下水的水位、流量、水化学成份和水温等随季节变化明显，每年 12 月至次年 1—2 月份为枯季，地下水位、泉水流量、水温和矿化度达到最低值，3 月以后又开始上升，至 5 月份降水量达到最高峰，地下水位、泉水流量达到最高峰。6 月以后水位和泉水流量又开始下降，8 月中旬以后又达到次低值，9 月初随着降雨量的增加，地下水水位和泉水流量又开始增加，至 10 月中旬形成第二个高峰。

2.5 岩溶发育情况

项目区属于裸露型碳酸盐岩区地表侵蚀、溶蚀丘陵景观比较明显，见有石芽和小型溶沟、溶槽等溶蚀现象。项目岩性为灰白色巨厚层-块状灰岩、白云质等。据区域地质资料，面岩溶率 6.580%～8.731%，含裂隙溶洞水，地下河流量 10.707～80.918 L/s，大泉流量 11.599～34.473 L/s，最大 43.056 L/s，钻孔涌水量 32.99～279.85 t/d，枯季径流模数 3.976～5.462 L/s ·km^2，富水性中等。水化学类型为 HCO3—Ca · Mg 型，pH 值 6.5～7.1，矿化度为 0.028～0.063 g/L。

2.6 人类工程活动

项目区的人类工程活动主要表现为矿山采石，人工开挖改变原有的山体地形，形成了 20～70 m 高的岩质临空面，破坏了原山体的结构，破坏山坡原有排水体系，导致山体出现雨水漫流。开矿采石放炮的震动也影响岩体本身的结构的稳定性，不利于山体的整体稳定性。

3 生态环境地质问题

3.1 滑坡

（1）狮子山滑坡。

狮子山滑坡位于彭泽县狮子山南侧，平面上整体形态呈半圆型，斜坡后缘高程 51 m，前缘高程 22 m，相对高差 29 m，斜坡坡向 110°，整体坡度 15°～30°，平均坡度约 22°。斜坡前缘宽约 95 m，后缘宽约 30 m，纵向长（斜长）约 50 m，平面面积约 2980 m^2，滑体厚度 3～6.5 m，平均厚度 4.5 m，体积约 13410 m^3，为土质小型滑坡，坡体上植被不发育，多为杂草。

滑坡前缘以水泥地面为界，后缘以山顶为界，南侧以山脊为界，北侧以裸露基岩面为界。该滑坡为填土滑坡，后缘可见明显下挫裂缝，裂缝长 32 m，下沉量最大可达 0.5 m，坡体中部电杆倾斜，现场可见滑塌台坎式地形（图 4）。

图 4　滑坡区全貌照片

（2）滑坡危害及稳定性。

狮子山滑坡主要威胁坡脚行人的生命财产安全，该滑坡地灾防治工程等级为Ⅲ级。坡体上人类活动强烈，采矿堆弃大量的土体，加之地表水的下渗软化土体中泥粒成分，形成软弱结构面，促使边坡沿软弱面向下滑塌，容易产生溜塌及掉块现象，严重影响坡体下方行人的生命财产安全。

根据滑坡变形区的稳定性计算结果，结合勘查区滑坡变形现状，滑坡在自重作用下处于稳定状态；在自重＋地下水＋暴雨作用下基本处于不稳定状态，因此，对该滑坡进行治理是十分必要的。

3.2　崩塌

（1）狮子山崩塌。

狮子山崩塌位于彭泽县狮子山北侧，崩塌区平面上近似直线形展布，沿 76°方向延展，斜坡整体坡向 56°～125°。分布区内地形陡峭，局部成陡崖微地貌，坡度一般大于 40°，局部临空面近乎直立。区内坡顶高程 63 m，坡底高程 22 m，相对高差 41 m，所处势能条件较低。崩塌体全长约 200 m，高 35 m，卸荷带宽 1～2 m，平面积约 6100 m^2，立面积约 9390 m^2，总方量约 36925 m^3，属中型崩塌。坡面形态凹凸不平，多处岩体沿节理面表现为悬挑临空。根据崩塌立面形态特征将整个危岩区分为 4 个危岩体，编号 SZ-WY01～WY04。

①危岩体 SZ-WY01 位于斜坡东侧，顶部海拔高程约 63 m，底部高程约 23 m，相对高差 41 m。该危岩体立面形态沿节理面陡坎分割，顶部长度最大，约 75 m，平面面

积约 1610 m²，立面积约 1990 m²，总方量约 6965 m³（图 5）。

图 5　SZ-WY01 全景照

②危岩体 SZ-WY02 位于斜坡中部，顶部海拔高程约 60 m，底部高程约 22 m，相对高差 38 m，该危岩体立面形态沿节理面陡坎分割，顶部长度最大，约 40 m，平面面积约 1460 m²，立面积约 1860 m²，总方量约 7800 m³（图 6）。

图 6　SZ-WY02 全景照

③危岩体 SZ-WY03 位于斜坡中部，顶部海拔高程约 59 m，底部高程约 22 m，相

对高差 37 m。该危岩体立面形态沿节理面陡坎分割，顶部长度最大，约 25 m，平面面积约 3790 m^2，立面积约 2466 m^2，总方量约 9600 m^3（图 7）。

图 7　SZ-WY03 全景照

④危岩体 SZ-WY04 位于斜坡中部，顶部海拔高程约 55 m，底部高程约 22 m，相对高差 33 m。该危岩体立面形态沿节理面陡坎分割，顶部长度最大，约 30 m，平面面积约 2000 m^2，立面积约 3040 m^2，总方量约 7600 m^3。

图 8　SZ-WY04 全景照

（2）镜子山崩塌。

镜子山崩塌位于彭泽县镜子山区域，崩塌区平面上近似直线形展布，沿 20°～92°方向延展，斜坡整体坡向 182°～330°。分布区内地形陡峭，局部成陡崖微地貌，坡度一般大于 40°，局部临空面近乎直立。崩塌区内坡顶最高高程 145 m，坡脚最低高程 37 m，相对高差 100 m，所处势能条件较低。崩塌体全长约 420 m，高 35～100 m，卸荷带宽 0.5～2 m，平面积约 13139 m^2，立面积约 9390 m^2，总方量约 68616 m^3，属中型崩塌。坡面形态凹凸不平，多处岩体沿节理面表现为悬挑临空。根据崩塌立面形态特征将整个危岩区分为 5 个危岩体，编号 JZ-WY01～WY05。

①危岩体 JZ-WY01 位于镜子山南侧，顶部海拔高程约 145 m，底部高程约 37 m，相对高差 108 m。该危岩体立面形态沿节理面陡坎分割，顶部长度最大，约 40 m，平面面积约 5462 m^2，立面积约 11306 m^2，总方量约 33918 m^3（图 9）。

图 9　JZ-WY01 全景照

②危岩体 JZ-WY02 位于镜子山西南侧，顶部海拔高程约 106 m，底部高程约30 m，相对高差 76 m。该危岩体立面形态沿节理面陡坎分割，顶部长度最大，约80 m，平面面积约 3626 m^2，立面积约 7920 m^2，总方量约 39600 m^3（图 10）。

③危岩体 JZ-WY03 位于镜子山西侧中部地段，顶部海拔高程约 109 m，底部高程约 40 m，相对高差 69 m。平面面积约 1691 m^2，立面积约 2975 m^2，总方量约10420 m^3（图 11）。

图 10　JZ-WY02 全景照

图 11　JZ-WY03 全景照

④危岩体 JZ-WY04 位于镜子山西侧北部。顶部海拔高程约 82 m，底部高程约 31 m，相对高差 51 m。该危岩体立面形态沿节理面陡坎分割，顶部长度最大，约 20 m，平面面积约 680 m^2，立面积约 2080 m^2，总方量约 5200 m^3（图 12）。

图 12　JZ-WY04 全景照

⑤危岩体 JZ-WY05 位于镜子山北侧，顶部海拔高程约 102 m，底部高程约 32 m，相对高差 70 m。该危岩体立面形态沿节理面陡坎分割，顶部长度最大，约 20 m，平面面积约 1679 m^2，立面积约 9430 m^2，总方量约 333770 m^3（图 13）。

图 13　JZ-WY05 全景照

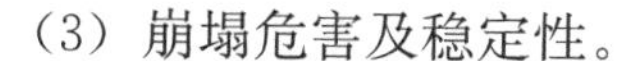

（3）崩塌危害及稳定性。

狮子山崩塌主要威胁坡脚行人的生命财产安全，潜在经济损失约 500 万元。镜子山崩塌主要威胁坡脚道路的通行安全，潜在经济损失约 1000 万元。狮子山及镜子山危岩体后缘节理裂隙发育，并发育一组陡直、外倾结构面，如遇暴雨、地震等工况，后缘裂隙可短时间充水，形成静水压力及浮托力，软化结构面，降低危岩体抗剪强度，可能诱使危岩体崩塌失稳。

由于开矿时爆破切方，坡面形态凹凸不平，多处岩体沿节理面表现为悬挑临空。该岩质崩塌以来，现状发生的主要变形破坏表现为局部零星掉块。但 2017 年 3 月以来，崩塌坡体顶部卸荷带加宽，局部形成张开 5～10 cm 的裂缝槽，有发生危岩体失稳的可能。

经综合分析各危岩带所处斜坡位置、坡度、主控结构面发育状况及近期变形史，各危岩带现状处于稳定～基本稳定状态，在暴雨工况下，将处于基本稳定～欠稳定状态，发生零星掉块的可能性大。

4　采用的主要生态修复技术

4.1　滑坡

（1）修复技术选择。

滑坡治理的技术途径为：①减小滑坡下滑力或消除下滑因素；②增大滑坡抗滑力或增加抗滑因素。任何滑坡治理工程都是围绕上述两条途径，结合滑坡地形、地质、水文、滑坡形成机理及发展阶段，因地制宜采取一种或多种措施，达到治理已发生的滑坡灾害的目的。常用的滑坡加固措施有削方卸载、抗滑挡墙、抗滑桩、格构锚固等。

减缓边坡的总坡度，即通称的削方减载，是经济有效的防治滑坡的措施，技术上简单易行且对滑坡体防治效果好，所以获得了广泛地应用并积累了丰富的经验。

在滑坡底脚修建挡墙是常用的一种支挡结构。挡墙可用砌石、混凝土以及钢筋混凝土结构。修建挡墙不但能适当提高滑坡的整体安全性，更可有效防止坡脚的局部崩坍，以免不断恶化边坡条件。但对于大型滑坡，挡墙由于受到工程量及高度的限制，滑坡体的安全系数往往提高不大。

抗滑桩是一种被实践证明效果较好的传统滑体加固方式。抗滑桩在滑坡体上挖孔设桩，不会因施工破坏其整体稳定。桩身嵌固在滑动面以下的稳固地层内，借以抗衡滑坡体的下滑力，这是整治滑坡比较有效的措施。

格构锚固是利用浆砌块石、现浇钢筋混凝土进行坡面防护，并利用锚杆或锚索固定的一种滑坡综合防护措施，它将整个护坡与柔性支撑有机结合在一起。这种结构的特点是施工时不必开挖扰动边坡，施工安全快速，与植被恢复结合，还可美化环境，特别是与预应力锚索的联合应用，变被动抗滑为主动抗滑，充分发挥滑体的自承能力。

（2）设计方案。

滑坡区为表土堆弃形成的松散填土区域，土体结构较为松散，自稳性较差，结合钻探揭露，该区基底岩溶发育，在坡脚布置抗滑桩存在施工风险，同时，如对整个滑坡进行格构锚杆加固，则存在成孔困难、跑浆等不利因素，因此，本设计考虑对滑坡区填土进行全部清除，并在坡底设置挡墙，支护型式如图 14。

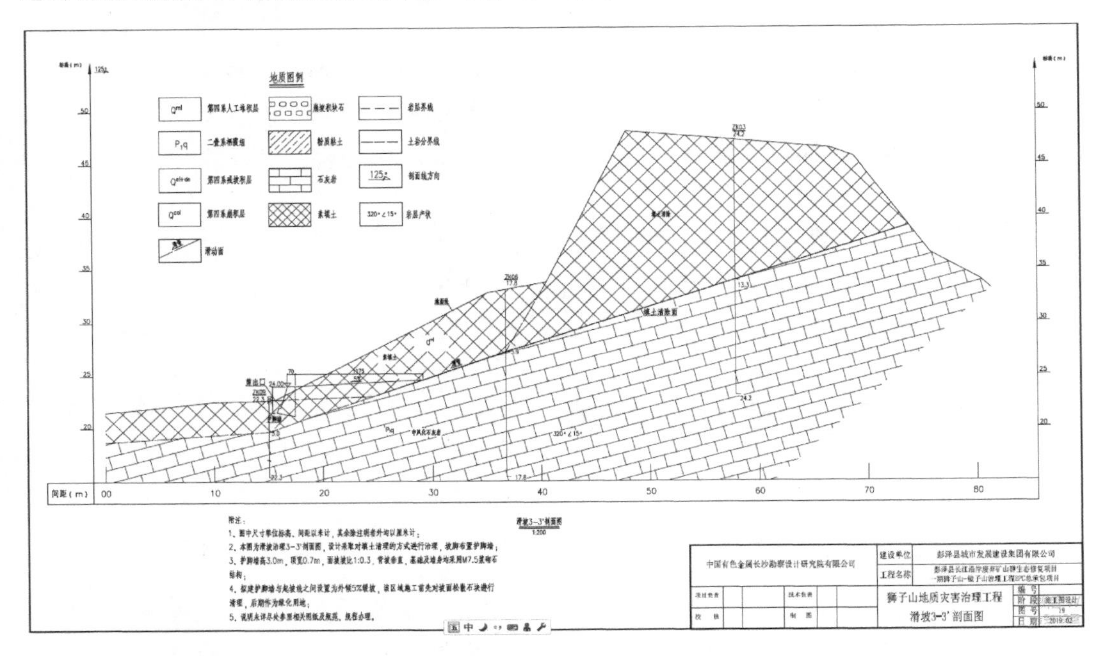

图 14　滑坡治理剖面图

4.2　崩塌

（1）修复技术选择。

崩塌治理措施一般包括主动防护措施与被动防护措施，主动防护措施为防止崩塌的发生，遏制危岩体的发展，达到消除崩塌隐患的目的。被动防护措施为对可能发生崩落的岩块进行拦截，消除岩块冲击可能造成的不利影响。本项目中，由于治理区坡脚为道路，设置被动防护措施存在场地限制，同时，大块危岩体失稳后，被动防护措施难以达到拦截效果，因此，考虑到与后续绿化工程相结合，本项目采取以主动防护网为主的治理方案。对于有场地条件的区域，在坡脚设置拦石墙及落石缓冲平台作为安全储备，对于小块危岩区域，可设置被动防护网拦截落石。同时，考虑到部分区域危岩体方量较大，危险性较高，采用一般措施难以达到治理效果，因此，设计对危险性较高的区域采用锚索加固或削方减载，支护型式如图 15、图 16。

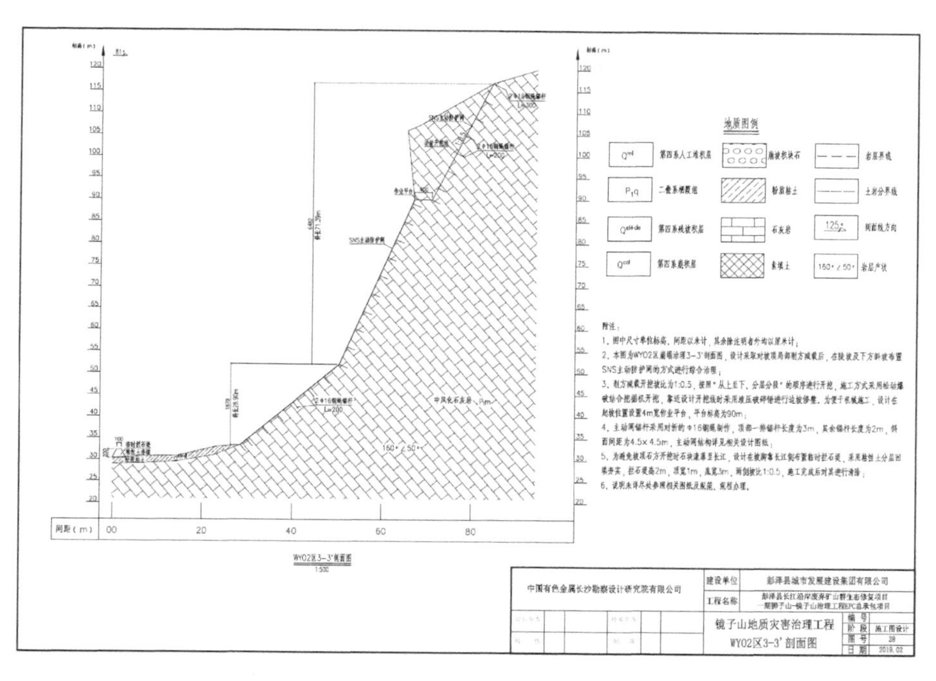

图 15　崩塌治理剖面图

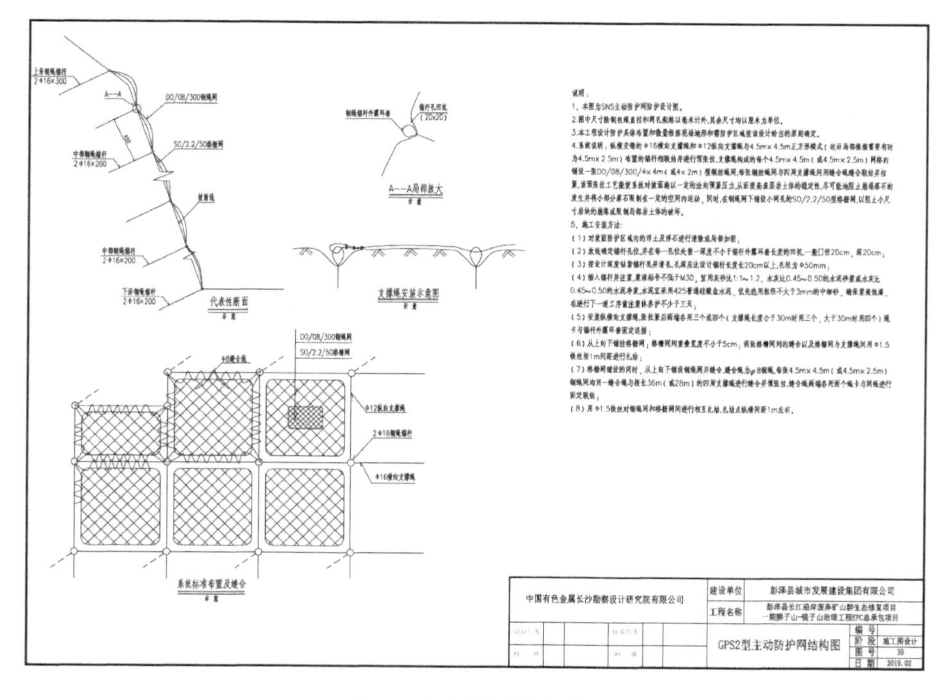

图 16　主动防护网大样图

（2）设计方案

①狮子山部分：采用 SNS 主动防护网布置于整个崩塌治理区域，面积为7760.8 m^2。预应力锚索布置于 SZ-WY03 区大部分区域，面积为 1559.25 m^2，该区坡顶发育卸荷裂缝，为避免雨水入渗增加水压力，设计对裂缝进行回填。针对整个滑坡区域（含右侧陡坎区域），考虑对填土进行全部清除，清除土体选择坡脚合适位置临时堆放，后期作为绿化用土加以利用，对坡脚岩质陡坡采用 SNS 主动网进行防护，防护面积为 425 m^2。护脚墙布置于 SZ-WY02～WY04 区以及滑坡区坡脚位置，纵向长度为 269.3 m；拦石墙布置于 WY01 区坡脚位置，起点接拟建护脚墙，拦石墙纵向长度为 78 m。

②镜子山部分：采用 SNS 主动防护网布置于整个崩塌治理区域，面积为 12829.8 m^2（含施工便道边坡）。对 JZ-WY02 区坡顶反向斜坡地段进行削方，达到减轻自重荷载的目的，削方段长度约为 120 m。护脚墙布置于 JZ-WY01 区坡脚的填方边坡地段，起到稳固坡脚的作用，护脚墙纵向长度为 80 m；拦石墙布置于 WY04 区左侧区域，对可能存在掉落的危岩体进行拦挡，拦石墙纵向长度为 25 m。同时采用 RXI100 型被动防护网布置于 WY03 区下方的斜坡靠近坡脚位置，纵向长度为 100 m。

5 效果评议

（1）彭泽县长江沿岸废弃矿山群生态修复项目实施完成后，保证了山体的稳定，消除了崩塌、滑坡等地质灾害对当地居民生命财产安全的威胁，使矿区生态环境和地貌景观可以得到逐步恢复，生态环境质量大幅度改善，提升了彭泽县龙城镇长江南岸沿线城市景观。

（2）本项目通过方案比选，选取了技术可行、经济合理、安全可靠的治理方案，并通过现场施工组织认真实施，达到了矿山环境治理修复的目的，营造了绿水青山的生态环境。

参考文献

[1] 彭泽县长江沿岸废弃矿山群生态修复项目一期狮子山-镜子山治理工程 EPC 总承包项目详细勘查报告 [R]. 中国有色金属长沙勘察设计研究院有限公司，2018.

[2] 彭泽县长江沿岸废弃矿山群生态修复项目一期狮子山-镜子山治理工程 EPC 总承包项目施工图设计 [R]. 中国有色金属长沙勘察设计研究院有限公司，2019.

联系方式

叶木华，1980 年生，高级工程师，主要从事岩土勘察、设计与施工研究工作。

电话：1806018750；地址：厦门市湖里区南山路 248 号。

邮箱：26654238@qq. com

张敏，1990 年生，高级工程师，主要从事工程勘察与岩土工程技术管理与研究工作。

电话：13860420513；地址：厦门市湖里区南山路 248 号。

邮箱：632069719@qq. com。

湖南某基坑局部坍塌事故

仇建军

【内容提要】本文以工程实例讲述了超挖、进度滞后、暴雨与不良地质等主、客观原因引发的一起基坑局部坍塌事故，阐明了岩溶地区“膨胀土”与“大型孤石”等不良地质作用对基坑工程的危害。

1 工程概况

湖南某项目规划净用地面积 32665.8 m^2（约 49 亩），由 A、B 两地块组成，建筑占地面积 7143 m^2，总建筑面积 187076.84 m^2，场地的南、北向与东、西向之间的地面高差均较大，导致两地块之间的±0 的绝对标高相差较大，拟建建筑包括 1 栋酒店和 3 栋住宅，均采用桩基础。

A 地块基坑支护周长约 510 m，设 3 层地下室，基坑底标高 151～153.00 m，支护深度为 15.0～39.0 m（含室外地坪以上的边坡），基坑的北、西两向紧邻市政道路，南向为住宅小区的绿化地与户外停车坪，东向与 B 地块相接。

B 地块基坑支护周长约 275 m，设 2～3 层地下室，负 3 层地下室基坑底标高为 177.4 m、负 2 层地下室基坑底标高为 181.3 m，支护深度介于 7.6～12.6 m（含室外地坪以上的边坡），基坑的北向紧邻市政道路，南向为住宅小区的绿化地与户外停车坪，东向为自然山体，西向与 A 地块相接。

两地块的基坑根据开挖深度、放坡条件与地质条件等差异划分若干个施工段，基坑位置与周边环境见图 1。

图 1　基坑位置与周边环境航拍图

2　事故经过与损失

2.1　事故经过

2020 年 3 月 16 日至 18 日，在连续下了三天暴雨后，于 19 日凌晨 3 点左右，B 区基坑 B5B6 段发生了坍塌，坍塌导致隐伏在坡体的大型孤石（体积约 6 m^3，重约 16 t）滚落并压垮了脚手架操作平台，坍塌现场见图 2、图 3。

图 2　坍塌现场 1

图 3　坍塌现场 2

2.2　事故损失

（1）B5B6 段已完成的挂网喷射砼坡支护结构脱落与部分土钉失效，B5 分界点附近挂网喷射砼结构破裂。

（2）坡面土体发生坍塌，致坡顶停车坪钢筋砼边框坠落与停车坪边缘局部悬空。

（3）B5B6 整段的脚手架倒塌与 B5 分界点附近架体出现严重变形。

（4）事故发生在凌晨休息时间，未造成人员伤亡，事故造成直接经济损失约 30 万元，工期延误约两个月。

3　事故原因分析

（1）施工超挖。

建设单位为尽快进行桩基础、地下室与主体施工，B 区基坑的南面采用一次性开挖到地下室底板底标高，开挖坡度近 70 度，局部因小范围坍塌接近直立，未严格做到分层开挖与支护。

（2）不利天气。

3 月 16 日至 18 日，连续出现强降雨，导致地下水位上升、土体重量增加与抗剪强度降低。

（3）进度滞后。

项目施工不及时，工程进度严重滞后，坍塌时，B5B6 段只完成最上面一排的锚杆施工与坡面的挂网喷射砼，正准备进行第 2 排的锚杆施工，对边坡稳定起核心作用的锚、梁结构未完成，基坑的侧向变形未能受到约束。

（4）不良地质作用。

基坑侧壁主要由人工填土与红黏土组成，上部的人工填土因结构松散具有较强的透水性；后者属于膨胀土，具有遇水易软化并发生膨胀变形的工程特性。

坍塌段坡体内发育有一大型孤石（体积约 6 m^3，重约 16 t），开挖后，其表面并未出露，隐藏在具有膨胀土特性的红黏土内，工程技术人员未能发现此不良地质现象及其潜在危害。

在连续暴雨、填土未硬化情况下，造成了大量的雨水下渗，导致了红黏土的软化与膨胀变形，红黏土的不均匀软化与膨胀变形则加剧了大型孤石的重心外倾，并对大型孤石产生侧向推力。

特殊性土与大型孤石组成的不良地质对诱发 B5B6 段的坍塌、增大事故损失起到了较大的不利影响。

（5）不完善的支护体系。

根据《施工图设计》，B5B6 段坡顶设置有排水沟，但水沟至坡眉线之间未设置硬化措施，受坡顶住宅小区的绿化与停车坪的影响，未及时进行坡面硬化与排水沟施工，致使坡顶的雨水收集与排放存在缺陷，未能阻止雨水的大量下渗。

（6）不合理的施工组织。

项目于 2019 年 12 月进场，直到事故发生，尚未完成 B5B6 段核心支护结构（锚杆格构梁）的施工。

①进场时，B 地块基坑已开挖至基坑底标高，但 B5B6 段相对于其他坡段是开挖坡度最陡、地质条件最差与稳定性最差的坡段，应优先并作为重要的危险源组织抢救式的施工，相反，项目部优先开展了其他坡段的施工，未能在雨季来临前完成坍塌段的支护结构。

②投入的设备与人员力量在不能满足项目进度计划的基础上，未能采取强有力的措施扭转不利局面，导致工程进度整体缓慢。

③进度严重滞后、雨季即将来临时，未考虑通过拆除脚手架与坡底反压以避免坍塌事故的发生。

4 治理措施

（1）撤离坡顶停车坪的车辆，坡顶、坡下设置了临时警戒带；

（2）将巨型孤石爆破解体用挖机清理出场；

（3）拆除倒塌的脚手架；

（4）用 A 区基坑开挖的土石料对坍塌坡段实施反压（图 4）；

（5）以反压体为操作平台进行分层支护与开挖。

图 4　反压后的现场照片

5　评议与讨论

（1）基坑或边坡工程应提前协调好与工程有关的土方开挖、材料堆放、基础施工等与工程稳定密切相关的工作，避免超挖、超载、施工振动等不利影响。

（2）基坑与边坡工程应严格执行分层开挖与支护，应结合未来一段时间天气情况与生产力量合理规划开挖段长与开挖面积，及时完成裸露坡面的封闭与支护结构施工，有效防止边坡岩土体的软化与变形。

（3）“孤石”是灰岩、花岗岩残积层中常见的工程地质现象，红黏土具有遇水易软化与膨胀的工程特性，在雨水或地下水渗出等的共同作用下，可在一定程度上诱发基坑或边坡坍塌事故，加大事故损失。

（4）基坑或边坡工程，应避免搭设高脚手架操作平台进行相关施工，防止孤石或危岩滚落、土体崩塌等导致架体倒塌事故。

（5）基坑或边坡工程的雨后施工，应在完成相应的变形观测与安全巡视后进行，暴雨后 2～3 天内，不宜立即开展有潜在危险（如滑坡、坍塌、危岩滚落等）坡段的相关施工。

（6）对基坑或边坡工程而言，合规的建设程序、科学的施工组织、合理的施工程序、严格的质量管控、紧凑的工程进度以及对不良地质作用的正确认知是避免坍塌事故的关键。

参考文献

［1］武鹏. 红黏土的工程地质性质与滑坡形成机理［D］. 西安：长安大学，2015.

［2］李亮，朱建旺，赵炼恒，等. 含孤石土质边坡稳定性及破坏特征的数值分析［J］. 中国安全生产科学技术，2021（8）：43-49.

联系方式

仇建军，1970 年生，高级工程师，主要从事岩土工程勘察、设计、施工与相关研究工作。

电话：13974927362；地址：湖南省长沙市雨花区振华路 579 号康庭园 1 栋 101 号 1304 室。

邮箱：2394984526@qq. com。

微型桩应用的基本经验

胡　巧，谢吉尊

【内容提要】微型桩以“轻、巧、微型”等特点，弥补传统支护造价高、使用严苛、作业难等缺陷。本文剖析4个微型桩在工程中应用的典型案例，灵活巧用地发挥微型桩“以小博大，四两拨千斤，事半功倍”的工程处治效果。

1　前言

微型桩指钻孔加筋灌注混凝土而成，直径小于300 mm的桩，可选用钢管、型钢、钢筋笼等加筋材料。微型桩的特点：①“轻”，材料轻便，选材多样，施工安全便捷；②“巧”，组合形式灵活，布置形式多样，使用功能丰富；③“微型”，质轻尺寸小，结构机动可调，操作轻便快捷。在特定条件下，如交通闭塞、工程规模小、资金预算紧、应急抢险和场地狭小等情形使用，可达到“以小博大，四两拨千斤，事半功倍”的工程处治效果。

微型桩的使用极其广泛，常在地基处理、边坡支护、病害加固和应急工程中应用良好。①应急抢险：应急抢险工程往往要求作业快捷安全，而微型桩施工安全便捷，设备布置灵活，可快捷集成化施工，如地质钻机成孔桩，打入式微型桩，可减少开挖扰动对病害的扩大，迅速遏制灾害体的发展演化，见效快。②地基处理：微型桩可提高地基承载力，提供结构抗滑、抗倾覆和抗剪能力。如微型桩挡墙可减少基础开挖和处理的扰动影响，结合注浆工艺，不仅提高地基承载力，更能提高结构体系的抗滑移和抗倾覆能力。③边坡支护：微型桩受力形式多样，可抗压可抗拉、可抗弯可抗倾覆、可抗剪可抗滑，组合锚固工艺，具备良好控制变形效果。如微型桩挡墙、锚杆（索）微型桩（框架梁）、钢花管注浆预加固等。④病害治理：微型桩加固布置形式多样，桩可单排可多排，可垂直可倾斜，可与被加固体形成多组合体系，灵活应用，如微型桩在墙体、墙基病害加固，建筑物桩基托换等。

2　微型桩应用分析与讨论

2.1　微型桩基坑预加固

（1）工程概况。

某岩溶场地处亚热带高原季风性湿润气候，年平均降水量1129.5 mm，地处中低山溶蚀峰丛地形地貌，岩溶发育程度中等。拟建 12＃楼西北侧基坑边坡高 20 m，坡顶为已建小区大门，大门为 2F 桩基框架结构。表层为 4～6 m 的新近杂填土，10 m 厚可塑状红黏土充填溶洞、溶槽，下伏基岩为三叠系中统松子坎组（T_2sz）薄至中厚层状泥质白云岩（图 1），岩体节理发育，多充填泥质，基岩呈单斜产出，岩层产状 98°∠20°，发育 3 组节理①330°∠68°，②210°∠75°，③99°∠75°，未见地下水。

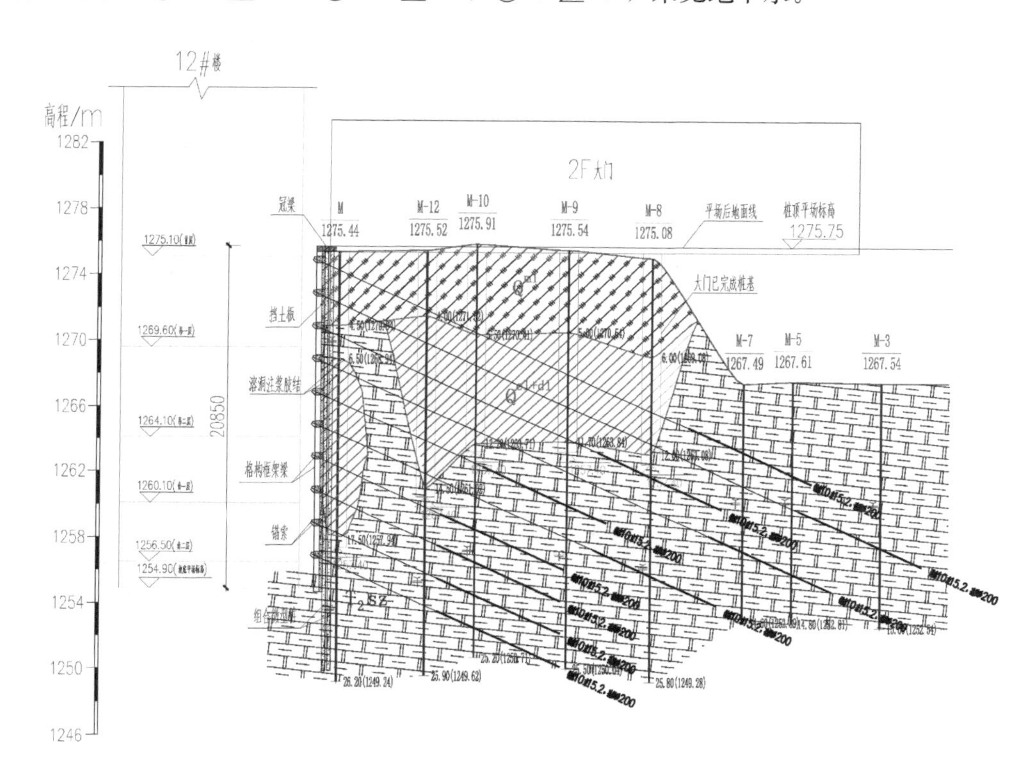

图 1　某岩溶场地基坑边坡支护剖面图

（2）预加固设计。

本基坑为岩土质边坡，高度较大，若采用大直径桩不仅成本高工期长，难以满足业主工期要求，而且杂填土、溶洞区大直径桩施工容易出现卡钻埋钻、塌孔漏浆，此外现状坡顶距已建大门仅 1.2 m，无大型机具作业条件。临近场地开挖揭露，该边坡为横向坡，基岩条件较好，局部发育溶洞溶槽充填良好，隐伏式石芽整体性好，工程采用“组合微型桩＋锚索格构框架梁＋截排水”进行支护。

微型桩注浆可以对土体和裂隙岩体进行注浆加固，而且为后期锚索格构框架梁施作提供预支护，双排桩、冠梁串联加强整体刚度，与锚索格构形成多层支护体系，协同发挥效用。微型桩间距，排距 0.5 m，间距 0.6 m，项目实施采用地质钻机 Φ200 mm 成孔，采用 Φ108 mm、壁厚 6 mm 无缝钢管，钢管每隔 5 m 设注浆孔对边坡进行注浆预加固，达到设计强度后进行锚索格构框架梁施工（图 2）。依据监测情况和开挖地质情况进行“动态设计，信息法施工”，及时调整锚索等参数设计。

监测表明该边坡位移变形仅 5 cm，坡顶大门无开裂和地坪大范围沉降，坡面溶洞区域施工期间锚索应力较大，故而增设注浆固结，后期变形稳定。该项目较支护桩方案缩施工工期约 3 个月，节省造价 500 万元，取得了良好的效果。

图 2　组合微型桩施工过程及竣工实景图

2.2　微型桩地基处理

（1）工程概况。

某深厚填土场地处亚热带季风性湿润气候区，年平均降雨量 1100 mm，地处构造剥蚀丘陵斜坡地貌，典型的川东平行岭谷“两山一谷”，原地貌在场地北侧有一条冲沟穿过，现状为深填土区，表层为厚 35～38 m 的素填土和杂填土，回填时间 3～5 年，均匀性差，松散～稍密，未完成自重固结，下伏侏罗系中统沙溪庙组（J_2s）紫红色的中～厚层砂岩和泥岩。岩层呈单斜产出，测得产状 110°∠30°。项目所处的商业地块基坑已初步开挖至基底标高，但因总规划调整暂不确定实施时间，其北侧已建住宅小区交楼需形成消防通道，需在商业和住宅之间先形成宽 12.5 m 的市政消防道路，故先按永久设计对基坑边坡进行治理。本土质边坡高度 24 m，考虑到回填土时间短、未完成固结沉降，市政道路要求需对表层深 8 m 的填土进行压实处理，边坡设计兼顾未来路基处理，因而采用加筋处理。

（2）处理设计。

边坡高度大，不具备放坡空间，如采用支护桩则悬臂段超过 10 m，深厚素填土长锚索锚固效果较差，拟采用衡重式挡墙进行处理。挡墙坐落于素填土，地基承载力和沉降达不到要求，基坑底距离基岩面 7.5 m，因考虑到基坑将在短期内实施，如采用桩基承台支护成本高、工期长，作为过渡性支档结构经济效果较差，而微型桩注浆加固形成的复合地基承载力用以提供挡墙所需的基底承载力和变形控制，经济成本低，施工快速。结合现场条件，本工程选择了“微型桩地基处理＋衡重式挡墙＋加筋土挡墙”支护方案（图 3）。

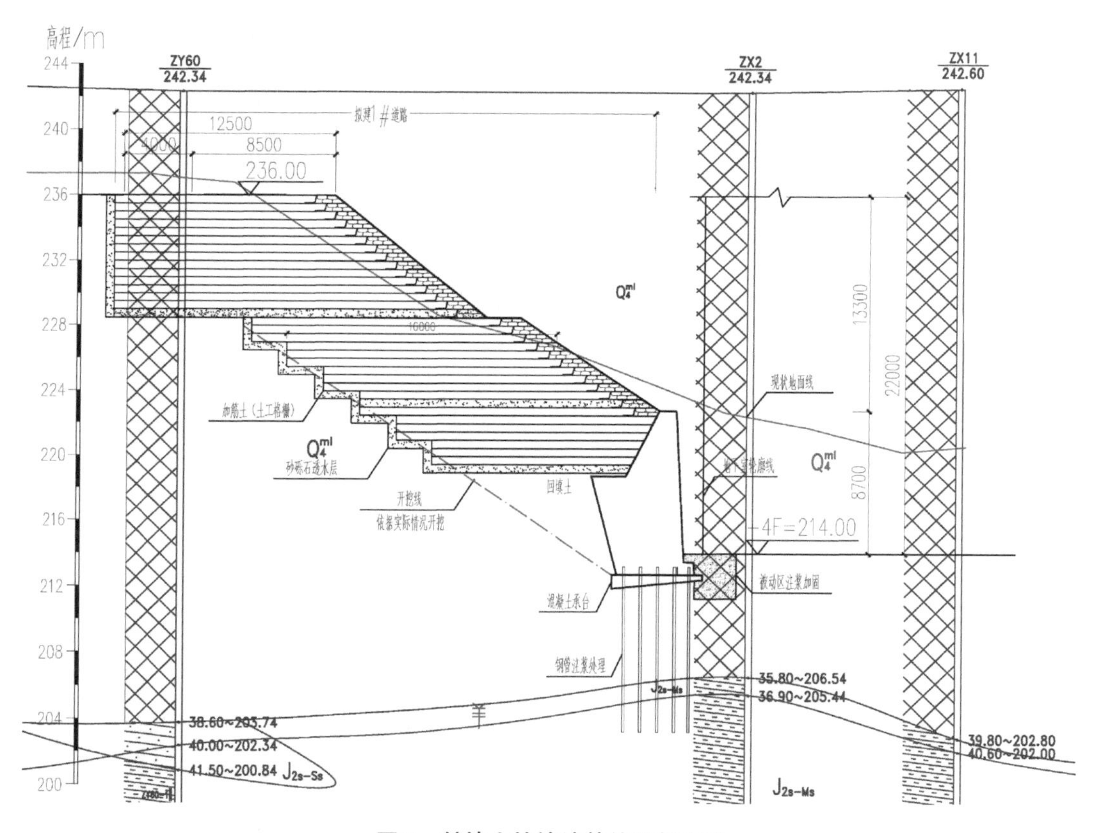

图 3　某填土挡墙地基处理剖面图

微型桩间距 2 m，排距 1.5 m，成孔 120 mm，采用 Φ60 mm、壁厚 3.5 mm 的无缝钢管，钢管锚入中风岩 1 m，嵌入挡墙不小于 0.5 m，钢管底部开注浆孔注浆加固，对挡墙基础范围内填土进行注浆处理。这种组合式的结构，钢管可以提供挡墙承载力，注浆对填土处理，形成桩体和填土复合地基，试验检测的复合地基承载力可达到 280 kPa，大大减小挡墙的地基处理难度，可避免桩基大规模工程，施工速度快，工程造价低。竣工后，地基沉降在合理范围内，使用时间超过 5 年，未出现墙体开裂现象（图 4）。

图 4　运营期间的边坡实景图

2.3　微型桩边坡支护

（1）工程概况。

某场地位于亚热带季风性湿润气候区，年平均降雨量 1100 mm，地处构造剥蚀丘陵斜坡地貌，基坑边坡高 3.5 m，为坡脚回填形成平坝，素填土回填时间超过 5 年，均匀性一般，稍密～中密状态。基坑边线外 0.9 m 为约 5 m 高的铝制薄板钢架，薄板为运营轨道的围挡结构，围挡外侧为轨道基地的检修道和地下管网。场平土石方初步开挖导致坡顶可用现宽仅 1.5 m，该边坡作业场地狭小，施工干扰要求严格。

（2）支护设计。

边坡高度仅 3.5 m，坡顶无放坡空间，如采用支护桩经济性差，锚杆支护体系无法完全避免对地下管网的破坏，素填土搅拌桩、钢板桩处理效果不佳，施工干扰较大，轨道处于运营期间对干扰要求严格。考虑到边坡素填土回填时间超过 5 年，填土处于稍密～中密状态，铝材薄板质量较轻，基坑距离运营轨道距离大于 7 m，轨道为桩基结构，保证边坡稳定则可以控制对结构物的影响，故而采用微型桩进行支护，桩顶采用冠梁串联，桩间挂网喷砼封闭（图 5）。

微型桩桩径 200 mm，内置 Φ108mm、壁厚 6 mm 钢管，管内外注入水泥浆，桩间距 0.5 m，桩外露面挂网喷砼封闭，微型桩施工采用地质钻机成孔，不仅可以解决施工场地狭小问题，而且取芯钻孔可以查看地质情况。基坑施工期间，为保证挡板稳定，对铝制壁板基础进行硬化，结构采用钢筋和钢丝绳每 5 m 进行基础锚固加固。整个施工期间边坡变形量仅 12 mm，挡板未发生倾倒，取得良好的经济效益。

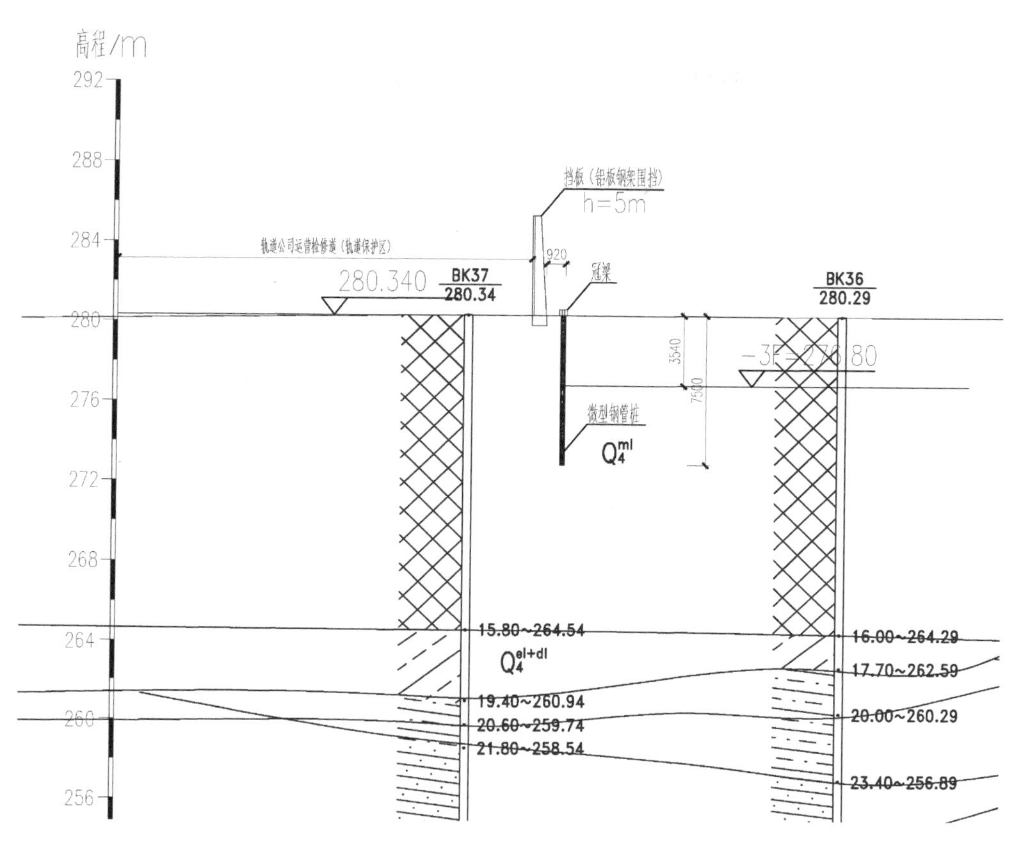

图 5　某运营轨道基坑边坡支护

2.4　微型桩应急抢险

（1）工程概况。

某边坡地处中亚热带湿润高原季风气候区，多年平均降雨量 898 mm，低山丘陵河谷阶地地貌，边坡位于一、二级阶地，边坡高 16 m，坡度 45°，植被发育良好，表层为素填土，下伏冲积层粉质黏土、粉土、卵石。勘察报告指出边坡坡脚和中部因坡体陡峻而局部发育多处浅层方量 1～5 m^3 的滑塌，坡顶修建有浆砌毛石挡墙，挡墙高 3.8 m，宽 1～1.5 m，挡墙顶部为变电站配套用房。因长久失修墙脚被动区露空，浆砌毛石风化开裂，地坪降雨入渗，导致墙体发生下坐，墙身发生变形开裂，围墙倒塌。勘察表明斜坡整体处于稳定～基本稳定状态，局部浅表层滑塌稳定较差。变电站投建使用时间长，边坡整体治理费用远超过电站投资，业主限定投资额度，需保证现阶段的较长时间的正常使用。

（2）应急加固设计。

挡墙稳定性直接关系到变电站安全，故不能采取拆除重建方案。在既有挡墙前新建挡墙必然会扰动病害挡墙，极可能造成病害挡墙发生失稳而威胁变电站安全。墙后紧邻变电站，墙后为填土、粉质黏土，采用单一锚杆面板加固其可靠性较低。墙前采用抗滑桩或锚杆格构方案虽然可行，但施工作业面有限，施工难度大，工程造价高，解决不了应急问题。现阶段整体稳定风险处于可控状态，但挡墙需应急加固治理。在保证既有变电站建筑安全下，对挡墙应急加固同时兼顾对原始斜坡的局部支护，加强变形监测和应急预警，视其发育程度和风险性选择必要的整体治理或房屋搬迁。基于场地实际情况采用了“微型桩挡墙＋锚杆加固＋截排水＋监测预警”方案（图 6），即在既有挡墙外设微型桩挡墙，对既有病害挡墙进行加固处治，同时兼顾对原始坡体坡顶局部的支护，防止冲刷和浅层滑塌影响坡顶建筑安全，此外对斜坡进行变形监测和应急预案。

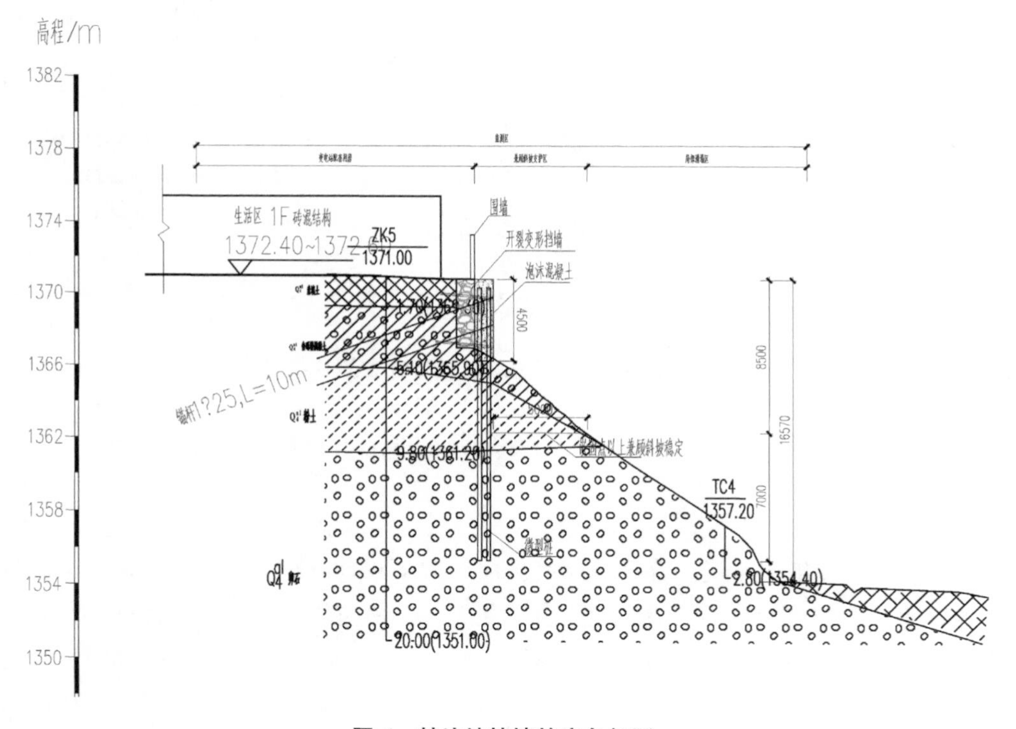

图 6　某边坡挡墙的应急加固

微型桩间距 1 m，排距 0.5 m，桩径 200 mm，内置外径 140 mm 壁厚 8 mm 钢管，桩体深入墙体，桩前被动区 5 m 宽度以下考虑嵌入深度，桩底埋深进入卵石层，从而兼顾对上部斜坡的保护。脚手架或回填形成施工平台，在地面处直接浇注宽 1 m 的 C20 挡墙。利用微型桩提供可靠的地基承载力、抗滑力、抗倾覆力和墙身结构的抗剪力，结合锚杆对变形进行约束，从而大大减小了挡墙的圬工规模，保护变电站和边坡安全。

3 评议与讨论

(1) 微型桩应急加固中利用深部地层提供的锚固力和桩结构的抗剪力，可起到良好的抗滑作用，可依据受力形式，灵活布置。

(2) 微型桩挡墙中利用多排桩组成的整体结构体系可具备较好的抗倾覆力，后排桩提供抗拔力，前排桩提供抗压力，两者共同作用。

(3) 微型桩病害加固中对于结构物自身抗剪能力差，可利用桩加筋锚固，利用桩体自身抗剪力加强结构刚度。

(4) 微型桩地基处理中群桩结合注浆灌砼工艺，可发挥桩土复合地基的支撑力，提高地基承载力。

(5) 微型桩在边坡支护中对变形控制和下滑力较大的情况，可采用锚杆、锚索，甚至框架结构改善受力和变形。

(6) 微型支护技术灵活巧用，可极大弥补传统支挡技术的缺陷，通过“审时度势，因地制宜”的精心设计，可起到事半功倍之效。微型桩由于具备“轻、巧、微型”等特点，施工便捷迅速，场地适应力强，支挡力度大，工程经济性好，在工程建设中发挥重要作用，尤其是应急治理中可采用打入式微型桩预加固，结合格宾笼、土工袋反压，灵活丰富的组合形式和布置，适应于病害坡体加固。

(7) 微型桩整体结构刚度相对较小，尤其在松散、富水、软弱等地层中无法确保自身稳定，慎重使用，需结合其他支护进行优势叠加，错位互补，发挥“1+1>2”的功效。

参考文献

[1] 龚晓南. 地基处理手册 [M]. 北京：中国建筑工业出版社，2008.

[2] 中国建筑科学研究院. 建筑地基处理技术规范：JGJ 79—2012 [S]. 北京：中国建筑工业出版社，2012.

联系方式：

胡巧，1985 年生，高级工程师，主要从事岩土工程勘察、设计与施工研究工作。

电话：13102344857；地址：湖南省长沙市雨花区振华路 579 号康庭园 1 栋 101 号 1304 室。

邮箱：512539931@qq. com。

第4编　岩土工程监测
(共1篇)

工程总结

——长沙市轨道交通 1 号线一期工程土建施工第三方监测（第二标段）项目

曹凌云，王进飞

【内容提要】对长沙市轨道交通 1 号线一期工程土建施工第三方监测（第二标段）项目进行了回顾，总结了项目技术特点与监测工作重点、难点，新技术、新工艺的推广应用情况及典型案例，项目取得的成果及存在的问题等，希望能起到抛砖引玉的作用，以利持续改进。

1　工程概况

1.1　线路走向

长沙轨道交通 1 号线是长沙市地铁南北向的核心线路，连通了长沙市河东的三个区，与已建成的 2 号线在五一广场实现换乘，还与建设中的长株潭城际铁路、地铁 3、4、5、6 号线及规划中的 8、9 号线实现换乘。一期工程线路自汽车北站起，止于尚双塘站，线路全长 23.55 km，共设车站 20 座，其站点分布如图 1 所示[1]。该线从 2010 年 12 月 26 日开工建设，历时 5 年半建成，于 2016 年 6 月 28 日正式开通试运营。

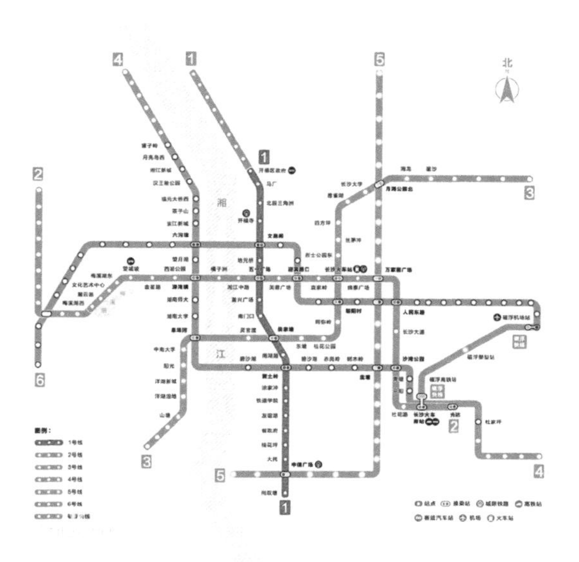

图 1　长沙市轨道交通走向图

1.2 项目概况

我公司负责第三方监测第二标段，范围为施工标段第 6 至 11 标，从南湖路站（含）至尚双塘站（不含），包含的车站有：南湖路站、黄土岭站、涂家冲站、铁道学院站、友谊路站、省政府站、桂花坪站、大托站、中信广场站，线路里程为 YDK21＋659.3～YDK33＋453，长度 11793.7 m，共 9 个站、9 个区间。隧道埋设深度 5～28 m，土建施工采用盾构、明挖、盖挖、矿山法相结合的施工方法进行。本标段线路主要沿芙蓉南路敷设，沿线下穿的道路有黄土岭路、赤岭路、新建西路、南二环、竹塘西路、林大路、木莲西路、友谊路、新韶东路、湘府西路、杉木冲路、时代阳光大道、雀园路、披塘路、中意路、环保西路；沿线下穿的桥梁有新中路立交桥、木莲冲立交桥、长沙绕城高速；沿线下穿的铁路有京广电气化铁路。沿线侧穿的建构筑物有：五华酒店、神农大酒店、升华大厦、星城旺座、新芙蓉之都、中远公馆大厦、湖南商会大厦、剑桥名门、通泰梅岭苑、珊瑚大酒店、湖南广播电视大学楼、上林国际、长大彩虹都、鑫远杰座、星城荣域、湖南省科技馆、金房生活艺术城及芙蓉路电力隧道[2]。

1.3 工程、水文地质条件

该标段位于长沙市天心区境内，沿线主要为湘江Ⅳ～Ⅴ级侵蚀冲积阶地，地形较开阔平整，地面标高 55～80 m。湘江Ⅳ～Ⅴ级阶地覆盖层主要由第四系中更新统洞井铺组地层组成，网纹状粉质黏土、砂砾石层组成，具明显的二元结构。根据勘察结果及区域地质资料，未见影响场地稳定性的断裂、滑坡、泥石流、地面沉降等不良地质作用，无可液化地层，场地稳定性较好。沿线场地内地质条件较简单，地层较均匀且起伏小，勘察期间未见有影响场地稳定性的不良地质作用，特殊岩土主要为场地内发育的人工填土及遇水软化的残积土、全、强风化岩。该区段没有地表水系经过，地势较高，常年地下水位远高于湘江水面标高，且与湘江距离较远，受湘江水域影响较小[2]。

1.4 监测内容及工作量

长沙市轨道交通 1 号线一期工程土建施工第三方监测（第二标段）是我公司竞标得到的一个大型监测项目，该项目从 2011 年 7 月开始启动，至 2016 年 6 月基本完成了各工点的监测工作。完成的监测内容及工作量见表 1[2]。

表 1　完成的工作量统计表

监测内容	总点数	观测期数	总点・次	点数最多的工点（点数）	期数最多的工点（期数）
基坑水平位移	617	2868	79944	省政府站（99）	涂家冲站（522）

续表

监测内容	总点数	观测期数	总点・次	点数最多的工点（点数）	期数最多的工点（期数）
地表、建（构）筑物沉降	7858	7696	660934	涂家冲站—铁道学院站区间（1333）	黄土岭站（747）
建（构）筑物倾斜、位移	554	2149	89666	南湖路站（166）	涂家冲站～铁道学院站区间（338）
深层水平位移	14572（525 孔）	2624	1480028	省政府站（4249/99 孔）	铁道学院站（374）
裂缝	620	1498	75090	黄土岭站（129）	黄土岭站（320）
地下水位	379	2500	51859	省政府站（72）	省政府站（396）
拱顶沉降	562	839	38786	涂家冲站—铁道学院站区间（128）	涂家冲站～铁道学院站区间（176）
隧道洞内收敛	988	1053	83228	桂花坪站—大托站区间（228）	涂家冲站～铁道学院站区间（224）
铁路段轨道收敛	8	29	228	涂家冲站—铁道学院站区间（8）	涂家冲站～铁道学院站区间（29）
支撑轴力	827	2518	135071	省政府站（133）	省政府站（427）
内力及应力	28	56	1040	涂家冲站—铁道学院站区间（22）	涂家冲站～铁道学院站区间（44）
水压力、土压力	224	230	25454	省政府站（112）	省政府站（115）

说明：表中未包括多个工点的抢险加密监测工作量。

2 工程施工难点与监测重点

2.1 地层软硬不均

区间隧道主要通过第四系层，且隧道上半部分为卵石，底部局部为粉质黏土。局部隧道上下部分地层强度差异较大，易引起盾构机掘进偏位或抬头，易引起围岩因水浸泡而降低强度，引起围岩失稳坍塌。同时卵石化学成分中 SiO_2 含量大于 90%，具有很高的力学强度，盾构掘进，刀具磨损严重，开仓换刀频繁，易导致工程事故发生，增加了施工风险和工程费用。

2.2 车站下方有电力隧道

黄土岭站是 1 号、4 号线换乘车站，为地下两层一岛一侧车站。车站总长 373.5 m，标准段基坑深度约为 18.8 m，换乘节点基坑深度约为 23.8 m。车站采用全盖挖逆作法施工，主要风险为周边重要建筑物较多，有五华大酒店、神龙大酒店、爱尔眼科医院、新时空康年酒店、兴威名城 23 层住宅楼、湖南广播电台宿舍楼等建筑物，距离车站最近距离约 10 m。黄土岭站最大的风险为车站下方的芙蓉路电力隧道。基坑西侧部分地下连续墙及换乘节点处围护桩在电缆隧道正上方，呈垂直关系。换乘节点围护桩与电缆隧道顶部净距为 1.7 m，北边连续墙底部距电缆隧道顶部 4.7 m，在连续墙施工阶段对电缆隧道既有结构会产生一定影响，并造成电缆隧道下沉或开裂、渗水等现象。因施工产生的风险特别大，需重点监测。

2.3 下穿京广电气化铁路

涂家冲—铁道学院区间左右线分别在京广铁路 K1575＋75 和 K1575＋100 里程处下穿。穿越段位于京广铁路单渡线道岔区，道岔型号为 P60-1/12，上下行线间距 5 m，铁路道床类型为碎石道床，道床厚度约为 0.45 m，地铁区间隧道覆土厚度约为 8.7 m。

京广铁路北侧护坡为锚固桩支护，南侧为浆砌片石护坡。护坡桩为直径 1.8 m 的人工挖孔桩，桩底标高约为 41.5 m。盾构区间与护坡桩桩底之间竖向净距约为 2.4 m。铁路北南两侧分别有一排水明渠，其中北侧明渠较宽较深。

盾构区间施工影响范围内的铁路设施有铁路上行线、下行线，P60-1/12 道岔，道岔转辙机 2 组（1＃和 3＃），调车信号机 1 架（D3），接触网立柱（立柱编号为 15 和 16），两侧排水渠，铁路电务、供电和通信电缆管线，需重点监测、监控。

2.4 下穿新中路立交桥、木莲冲立交桥

在涂家冲—铁道学院区间里程 YDK23＋900.000～24＋650.000 段，区间下穿新中路立交桥，长约 750 m。新中路立交桥位于芙蓉南路与二环线交汇处，为四层全互通立交桥，其最上层为南北向的芙蓉南路，中层为东西向的二环路，另外紧靠地面东西向道路以南有以路堑方式通过的京广电气化铁路。区间隧道施工影响新中路立交桥数十根桥墩基础，这些桥墩的桩基础均为人工挖孔桩，为摩擦端承载桩，除个别基础桩径为 1.5 m、1.2 m（有扩底）外，其余桩径均为 2 m。高架桥上车辆川流不息，如控制不当，极易造成桥墩下沉、桥体开裂，危及高架桥本身安全及行车安全。

铁道学院—友谊路区间隧道在里程 YDK25＋981.8～YDK26＋166.8 从木莲冲立交桥正、侧下方通过，与立交桥桩基水平间距最小为 1.98 m。左线隧道下穿东南侧人行梯道，隧道施工对立交桥及人行梯道有较大影响。木莲冲立交桥处于冲积卵石层、残积粉质黏土层和全、强风化泥质粉砂岩层中，隧道上方覆盖厚度较大的砂层和卵石层，开挖面存在软硬不均现象。当盾构机掘进至此区域时需对木莲冲立交桥及人行梯道进行重点监测，严密监测桥墩的沉降及相邻桥墩差异沉降变化，使施工方准确掌握同步注浆和二次注浆的效果及注浆量的控制，预防桥墩的沉降变形。

2.5 基坑地质条件复杂

省政府站位于芙蓉南路与湘府路交叉口以南，沿芙蓉南路南北向一字型布置，为 1 号线与远期弹性线路的换乘站，为地下两层兼局部三层的岛式车站，采用明挖法施工，围护结构采用地下连续墙＋内支撑。车站总长为 464.6 m，有效站台宽度为 12 m，基坑宽度约 20.7 m，开挖深度 16.3～24.5 m，车站覆土厚度 2.5～4.5 m。

该站基坑地质条件复杂，地层中素填土、粗砂、砾砂、圆砾、卵石层广泛分布，且厚度较大，尤其是卵石层，在基坑地连墙施工时易塌孔，若止水达不到要求，开挖过程中易从墙接缝间漏水漏砂，导致连续墙位移、周边地层沉降，引起周边房屋基础及整体的沉降，管线开裂，影响其安全和正常使用。所以基坑安全是本站的主要监测重点，必须把各项变形值控制在可控范围内。

3 监测工作难点

长沙市轨道交通 1 号线连接城南与城北，穿越最繁华的老城区，跨浏阳河，穿过数十条繁华道路与京广电气化铁路，穿越数百栋房屋，工程的复杂性与施工难点，给监测工作带来了很多困难与挑战。

难点一：需收集的相关资料繁杂。影响基坑变形及建（构）筑物沉降的因素有地质、水文、工法、气候及环境条件等，需收集各工点的工程地质报告、水文资料、设计资料、施工单位的施工方案、基坑周边的建（构）筑物基础设计资料等，以掌握地层分布、各岩土层的工程性质及地下水情况，根据工程地质的复杂性，判断哪些项目是监测重点；了解工程的特点、施工的工序等信息，判断哪些项目是首先要开展的；有针对性地布置监测点，准确反映建（构）筑物的变形情况。而这些资料分布在不同的部门与单位。另一方面，沿线建（构）筑物的历史变形情况资料难以收集，对其预/报警值的选取有一定的难度。

难点二：各工点监测方案各有特点。基坑和区间线路的结构、施工工法、周边环境、地质情况等各异。第三方监测项目涉及基坑多，各基坑从长度、深度、形状、结构上都各不相同；各区间施工工法各异；各基坑和区间周边环境差异大（有人流密集型、车辆密集型、周边建筑物密集型、周边构筑物密集型）；各车站基坑、区间线路地质情况差异大。如何根据各基坑、区间线路的具体情况制定合理的监测方案，是第三方监测的重点与难点。

难点三：交叉作业难度大。第三方监测在具体实施的过程中，涉及的施工单位、监理单位等有许多家，如何协调好与各单位的关系，将直接影响监测成果资料的及时性、完整性及质量。在地铁工程中与施工单位、业主、监理单位的协调工作包括：测点埋设时间、埋设方法、采购监测设备的质量、性能，施工过程中监测设施、测点的保护工作，测点、监测设施破坏后的恢复工作等。如何兼顾各家利益，如何统筹安排、协调处理工程中出现的问题，将是第三方监测工作的又一重点与难点。

难点四：协调处理难度大。在地铁工程中，与业主及各家施工单位、监理单位沟通，及时掌握施工工况，确定合理的监测频率，分析已有的监测数据，指导调整施工措施也将是第三方监测的重点与难点工作。由于设计与施工不可能完全理想化，当监测数据反映出基坑或周边建（构）筑物出现较大变形时，如何分析施工监测数据与第三方监测数据，如何调整施工措施也是必须考虑的重点。

难点五：诊断异常数据难度大。监测数据必须真实地反映各变形量的变化规律，监测的目的在于发现并检测出异常值，然而由于施工期间监测点所处环境恶劣、人为干扰和影响因素多、仪器精度和稳定性问题等因素的影响，异常的监测值可能是变形体的真实响应，也可能是误差引起的假异常，因此监测数据的可靠性检查是一项艰巨而细致的工作。

难点六：信息处理量大。监测项目多、监测数据多且复杂，信息反馈的单位多、反馈的成果多、反馈的时间要求及时。这就对监测工作提出了许多新的要求，必须采取新的技术与手段。

4　项目的技术特点

4.1　第三方监测的特点

（1）第三方监测的精度要求较高。对地铁工程来说，重点是地铁施工对周边环境的影响，其监测精度要满足《城市轨道交通工程测量规范》的变形监测二等要求。为了维护第三方监测数据的权威性、有效性及可靠性，第三方监测精度一般来说比施工监测精度要高。

（2）第三方监测的手段多、监测频率不固定。地铁工程第三方监测方法不应是单一的，需要采取多种手段、设置多道防线的监控方案。其监测的频率、周期一般要根据监测项目、施工进度、离施工作业面的距离、变形速率和稳定状况来确定，并在施工过程中予以调整。

（3）第三方监测涉及的部门较多，包括业主、工程承包商、监理方、设计方、地铁沿线的建（构）筑物业主单位等。第三方监测对业主负责，对工程承包商进行监督与管理，与监理方、设计方及地铁沿线的建（构）筑物业主单位密切配合。

（4）第三方监测信息反馈的渠道较多，反馈的成果多，反馈的时间要及时。信息反馈的渠道包括电话、网络、书面报告等；书面反馈成果包括日报表、月度报告、季度报告/年度报告等；反馈的时间日报表要求在 24 小时内，当发生特殊或异常情况时要求即时电话通知。

4.2 项目方案的制定

由于第三方监测成果将直接用来指导土建施工，是展开后续工作、保护周边环境、调整施工工艺参数和施工方案的依据，因此为确保监测成果的可靠性及保证监测的顺利进行，在选择监测项目、手段时注意到了以下几个方面的问题：所采用的测试手段必须是可靠的和已经被工程实践证明是正确的；监测手段必须简单易行，适应现场快速变化的施工状况；所采用的测试手段不能影响和妨碍结构的正常受力或有损结构的变形刚度和强度特征；测试方法不应该是单一的，而需要采纳多种手段、实行多项内容、设置多道防线的测试方案；加强现场巡视检查工作。

针对长沙地铁1号线的需求，结合1号线第二标段各基坑、线路区间的具体情况，该项目制定了总的监测规划方案和各工点实施细则。方案制定的大原则是以站点、区间为单位，其理由在于同一个站基坑或区间具有基本相同的地质情况；以站点、区间为单位，其优点在于监测数据分析时，可以将各监测项目有机结合起来，例如同一基坑相同位置的测斜观测数据可以和水平位移、支撑轴力数据结合起来分析，从物理性质上讲，它们反映的都是同一支护结构的变形情况，只是反映的方式不同而已。

4.3 执行的预警标准

根据长沙市轨道交通集团监测管理办法（长轨发〔2012〕第25号文），将预警标准分为三类，即黄色预警、橙色预警和红色预警[2]。

黄色预警标准：监测实测的绝对值和速率值双控指标均达到极限值的70%～80%时；或双控指标之一达到极限值的80%～100%而另一个指标未达到该值时；

橙色预警标准：监测实测的绝对值和速率值双控指标均达到极限值的80%～100%时；或双控指标之一达到极限值而另一个指标未达到该值时；或者双控指标均达到极限值而整体工程尚未出现稳定迹象时；

红色预警标准：监测实测的绝对值和速率值双控指标均达到极限值时，与此同时，还出现下列情况之一时：实测的速率急剧增长；隧道或基坑支护混凝土表面已出现裂缝，同时裂缝处已开始出现渗水。

5 新技术、新工艺的推广应用

5.1 测量机器人自动化监测系统

本项目在水平位移监测及环境复杂、危险性较大的部位均使用测量机器人自动化监测系统，包括南湖路站、涂家冲站、省政府站等9个车站及涂家冲站—铁道学院站区间均使用了测量机器人进行自动化监测，有效地保证了数据的准确性、及时性及监测人员的安全，为应急抢险监测提供了有力保障。

徕卡 TCA2003（后期使用徕卡 TS30）测量机器人是自动搜索、跟踪、辨识和精确照准目标并获取角度、距离、三维坐标等信息的智能型高精度全站仪。它是在全站仪基础上集成步进马达传感器构成的视频成像系统，并配置智能化的控制及应用软件发展而形成的。测量机器人通过传感器对现实测量中的“目标”进行识别，迅速作出分析、判断，实现自我控制，并自动完成照准、读数等操作，以完全代替人的手工操作，再与能够制定测量计划、控制测量过程、进行测量数据处理与分析的软件系统相接合，完全可以代替人完成许多测量任务。测量机器人自动化监测系统的核心部分是软件。

5.2 地铁隧道拱顶沉降监测新工艺

该工艺以条码水准尺为基础，开发了标尺撑力系统装置（详见图 2、图 3），是一项生产领域的创新应用，研制了标尺连接板、接力撑杆、挂钩等铝合金系列组件，实现了高精度、高效率、低成本、自动化的拱顶沉降监测，解决了国内地铁隧道拱顶沉降监测工效低、质量差、作业人员安全得不到保障的重大难题，获公司 2017 年度科技创新大赛一等奖。

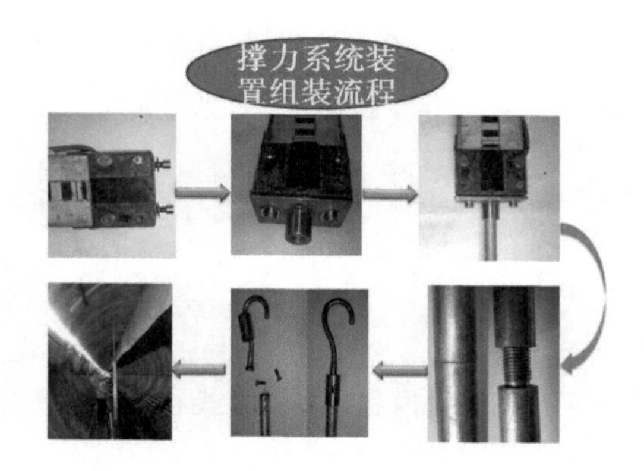

图 2　撑力系统装置组装流程图

图 3　产品的优点及现场应用图

该创新成果可广泛应用于地铁隧道、公路隧道、过江隧道、海底隧道、桥梁等工程领域，起到了提升工作效率、降低项目成本、保障施工安全、提高监测人员安全保障等作用，真正实现了自动化监测和降本增效的目的。该工艺已全面应用于长沙地铁 1 号线、3 号线、5 号线隧道拱顶沉降监测，已累计节约人工成本约 80 万元、材料成本约 200 万元，效果非常显著，受到地铁业主、设计、监理、施工单位的好评。

5.3 隧道净空收敛监测新方法

隧道净空收敛监测以往均采用收敛计进行监测。由于收敛计布点及观测具有较大的弊端，特别是地铁隧道盾构施工期间，收敛计的挂钩需对两侧管片进行钻孔布设，无形中破坏了管片结构；另一方面在电瓶车运输渣土过程中，监测人员需进行挂钩监测，增大了监测人员的安全风险，使监测人员的安全得不到有效的保障。而当时所有监测规范中推荐使用的仪器是收敛计。

我公司针对观测不利因素，在 2011 年底就研究采用了德国手持红外激光测距仪进行收敛监测（详见图 4、图 5）。后来在 2014 年 5 月 1 日施行的《城市轨道交通工程监测技术规范》（GB 50911-2013）第 7.8 节首次提出了收敛监测采用红外激光测距仪的监测方法，我公司实施该监测方法比规范提前了两年多，在实际应用中，明显地感受到了该方法的优越性和工作效率，节省了较大的人工成本，有效地提高了监测人员的安全保障与该项目的效益。

图 4　红外激光测距仪收敛监测

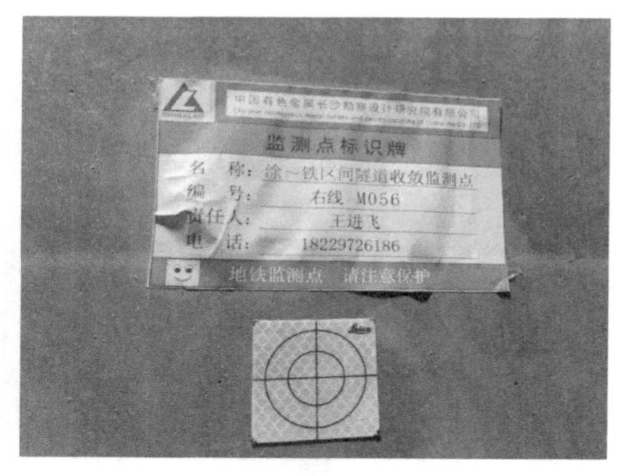

图 5　收敛标志及标识牌

6　项目中典型案例分析

由于本标段周围环境复杂、地质情况多变，所以监测过程中遇到多处监测数据突变或监测数据大大超过警戒值的情况，项目部也参加了无数次的抢险，以下对几处比较异常的监测数据进行分析，以总结经验和吸取教训。

6.1 涂家冲站—铁道学院站区间

（1）主要监测结果分析。

涂—铁区间从2012年6月8日开始新中路立交桥沉降监测，从2012年10月22日开始地面沉降监测，从2012年11月27日开始隧道拱顶沉降及隧道收敛监测，整个区间监测至2014年11月土建施工结束止，共监测了514期。在整个区间的监测过程中，除地表沉降、新中路立交桥沉降出现了突变及红色报警外，其他监测项目的各项监测数据变化基本稳定，未出现变化速率及累计报警的现象，监测过程中也未出现异常变化现象。

该区间出现地表沉降突变的时间为2013年1月3日，当日上午地表沉降监测点Y245601、Y245701、Y245801—Y245805及Y245901沉降量较大，各变形速率均超过控制值，Y245701、Y245801—Y245805累计变形量超过控制值（30 mm），达到红色预警，最大沉降点为Y245803，当天上午下沉−29.91 mm，下午下沉−5.52 mm，沉降速率为−35.43 mm/d，累计沉降量为−45.83 mm，当天晚上21点加密监测，Y245701在6小时内沉降−45.06 mm，累计沉降量为−84.64 mm，累计变化量及变化速率均超过控制值，并呈沉降增大趋势，达到红色预警。截至2013年1月11日，Y245701累计沉降量达到−123.16 mm。该区域在2013年1月9日右线里程YKD24+581出现小范围的地表塌陷，路面出现多处不规则裂缝（详见图6～图11）。

图6 涂—铁区间YKD24+581芙蓉路面塌陷

图7 涂—铁区间YKD24+581塌陷内部

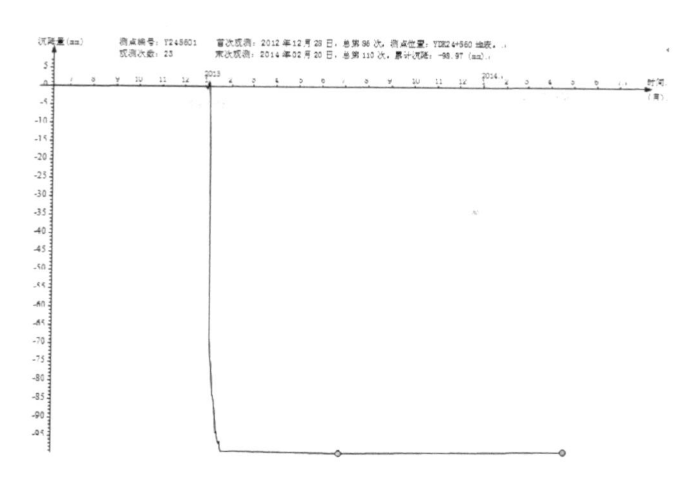

图 8　涂一铁区间地表监测点 Y245601 变形曲线图

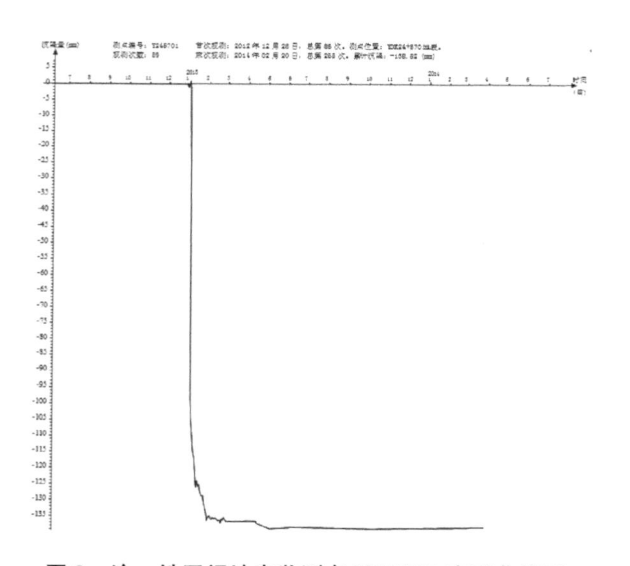

图 9　涂一铁区间地表监测点 Y245701 变形曲线图

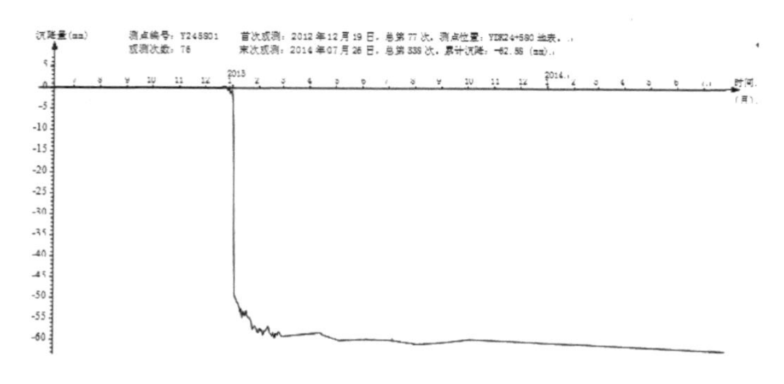

图 10　涂一铁区间地表监测点 Y245801 变形曲线图

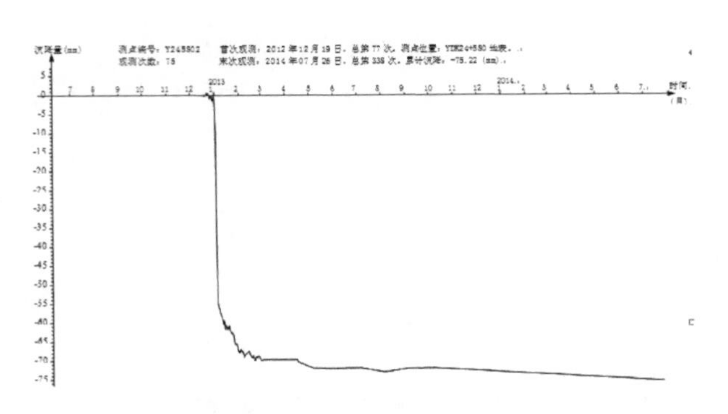

图 11　涂—铁区间地表监测点 Y245902 变形曲线图

其次变形区域西侧新中路立交桥桥墩也出现了沉降的现象，桥墩沉降点 A003、A004 下沉量较大，2013 年 1 月 4 日 A003 沉降速率为－3.210 mm/d，累计变化量为－9.45 mm；A004 沉降速率为－3.410 mm/d，累计变化量为－6.13 mm，该点位后续累计沉降达到了－8 mm，该两点沉降速率均超控制值（－3 mm/d），达到橙色预警（详见图 12）。

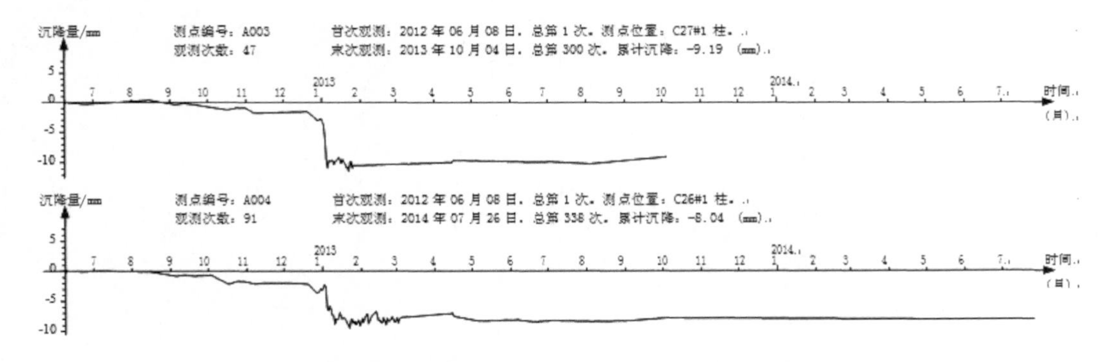

图 12　涂—铁区间新中路立交桥 A003、A004 变形曲线图

原因分析：此区域隧道掘进面地质条件较差，正处于由粉质黏土层进入全断面的卵石地层，土质自稳能力弱，含水量较丰富，土体受盾构机扰动易产生较大松动并随盾构出渣而下沉，并且盾构机正处于由粉质黏土进入卵石层掘进参数的转变过程中，因地质条件较差，掘进速度较快，造成出渣量较大，二次注浆未严格跟进，所以使地面沉降速率较大，导致了红色预警。报警后施工单位采取地面注浆加固措施后，并加强洞内管片壁后二次补浆，后续各点变形速率逐渐减小，达到稳定状态。在盾构掘进完毕及后期施工阶段，各监测点变化速率趋小，基本处于稳定状态。

下穿京广电气化铁路段铁轨沉降及施工加固的横纵梁在 2013 年 3 月 15 日～19 日也出现了变化较大的现象，最大点变化速率为＋5.33 mm/d，累计变化量为＋18.17 mm，变化速率超过控制值，变化的主要原因为：由于铁轨轨面高度调整施工及铁轨枕木及横梁进行不定时的维护调整，造成数据变化较大，但监测数据不完全是地铁施工引起的变化，监测数据只能为轨面维护起参考作用。

该区间右线隧道在 2013 年 8 月 12 日出现了涂家冲站南面接收端局部地面塌陷的现象（详见图 13），主要原因为：右线隧道盾构机处于出洞的环节，因盾构机出现抬头现象，顶入上部连续墙，未能正常出洞，出现上部渗水的现象，造成地表塌陷（深度约 7 米），所有沉陷砂土全部流入涂家冲站基坑内，由于施工单位在塌陷区域未布设监测点，因此未能监测出异常现象。出现塌方后，施工单位采取了注浆加固措施，周边各监测点变形速率较小，达到稳定状态。在区间盾构掘进完毕及后期施工阶段，各监测点变化速率趋小，基本处于稳定状态。

图 13　涂—铁区间右线盾构机端头接收，芙蓉路路面塌陷

（2）经验和教训。

施工前应该对周边建（构）筑物有充分的了解，对某些重要的或基础较差的建（构）筑物宜先加固再施工；盾构机掘进时尽量减少地下水的流失，开挖后应及时进行衬砌与支护，控制管片衬砌壁后注浆时间、压力和注浆量，及时有效足量地填充衬砌壁后的间隙，以保证围岩的稳定性；严格掌控出渣量，及时跟进二次注浆。

盾构机下穿新中路立交桥，因桥墩沉降控制非常严密，需实时掌握桥墩的变形情况，业主要求每天连续 24 小时加密循环监测，加密持续时间共 43 天，我方在新中路立交桥下吃、住监测共 43 天，无一日离开现场，确保盾构机顺利通过，受到业主、监理各方好评。

6.2　省政府站

（1）主要监测结果分析。

省政府站周边建筑物从 2011 年 8 月 31 日开始监测，基坑围护结构、周边地表、管线、地下水位、水压力、土压力从 2011 年 11 月 28 日开始监测，附属结构从 2012 年 12 月开始监测，整个项目监测至 2015 年 2 月附属结构施工结束止，共监测了 455 期。在整个站点的监测过程中，基坑冠梁水平位移、地表沉降、周边房屋沉降、立柱沉降、地下管线沉降、钢支撑轴力、水压力、土压力等监测项目的各项监测数据变化基本稳定，未出现变化速率及累计报警的现象，监测过程中也未出现异常变化现象，但砼支撑轴力、冠梁竖向位移、连续墙水平位移、深层水平位移和地下水位等监测项目出现了报警的现象。

最不应该发生的是基坑南侧连续墙及第三道砼支撑开裂，连续墙竖向位移出现了报警现象，连续墙沉降报警的点位及第一次报警的时间为：A074（2012.12.22）、A075（2012.12.23）（详见图14～图16）。

报警原因：由于基坑南端盾构出洞前进行端头注浆加固施工，注浆深度处于连续墙底部，且注浆压力较大，注浆时间较长，导致连续墙侧向严重位移及墙体隆起、开裂产生报警现象。

图14　省政府站西南角腰梁开裂

图15　省政府站南侧连续墙开裂

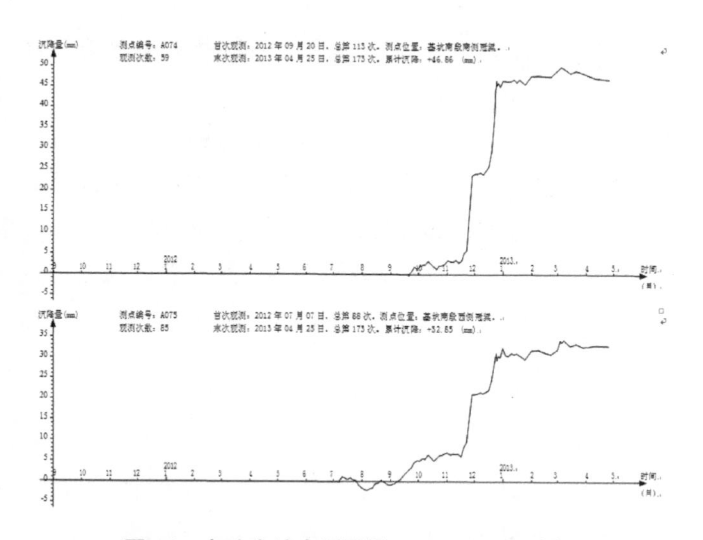

图16　省政府站南侧冠梁A074、A075隆起

（2）经验和教训。

注浆施工本应在基坑土方开挖前完成，由于施工单位更改了施工的先后次序，加之

注浆压力、注浆时间控制不当，导致了这次连续墙严重变形开裂现象，值得引以为戒。在这种情况下，应加强现场巡查，高度重视监测数据的分析、反馈工作。

6.3 桂花坪站

（1）主要监测结果分析。

桂花坪站周边建筑物从 2011 年 8 月 25 日开始监测，基坑围护结构、周边地表、管线、地下水位从 2011 年 10 月 29 日开始监测，附属结构从 2012 年 11 月开始监测，整个站点至 2014 年 1 月附属结构施工结束停止监测止，共监测了 258 期。在整个站点的监测过程中，基坑水平位移、冠梁竖向位移、地表沉降、周边房屋沉降、立柱沉降、地下管线沉降、裂缝观测等监测项目的各项监测数据变化基本稳定，未出现变化速率及累计报警的现象，各项监测点位最大累计位移的变化值均在设计容许范围值之内，监测过程中也未出现异常变化现象，但深层水平位移、砼支撑轴力和地下水位监测项目出现了报警的现象。

本站点报警影响较大的监测项目为深层水平位移，其报警较明显的部位有 1 处。我方在 2012 年 3 月 24 日监测成果中发现基坑深层侧向位移东南角测斜孔 C010 变化较大，在该孔深度 9.5 m 处累计位移达到＋26.11 mm，位移速率＋2.84 mm/d，变化速率达到预警值。我方于 3 月 25 日上午对现场进行巡视，并进行加密观测，在上午的监测数据中发现位移速率继续增大，在深度 9.5 m 处累计位移达到＋35.16 mm，位移速率＋9.05 mm/d（警戒值 3 mm/d），该点最终累计位移达到＋77.51 mm（警戒值 30 mm），各项指标超警戒值（详见图 17）。旁边测斜孔 C009 及对面 C012 也相应有位移现象。

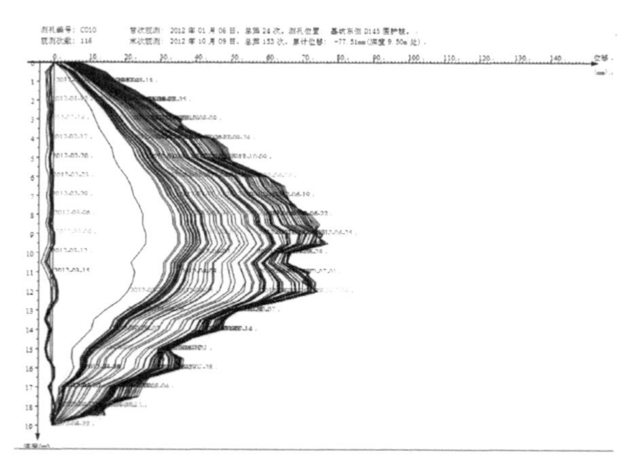

图 17　桂花坪站深层水平位移 C010 变形曲线图

出现报警的主要原因是：①标准段轴 19—轴 21 区段在前段时间开挖速度较快，钢支撑未及时架上，导致变形速度加快，并带动了南端的桩体位移。②南边扩大端开挖深度 17 m，南端出土口冠梁未封闭，东西两条混凝土斜支撑未能做好，相互支撑力度较弱，加上扩大端第二、三道钢支撑均未及时架设，出现严重超挖现象，导致基坑变形加剧。③东南角及南边堆积大量泥土，使地表荷载压力加大，土体受力往基坑内移动，导致桩体局部向基坑内位移（详见图 18、图 19）。

施工方针对报警现象采取了停止土方开挖、架设支撑、卸载周边土方堆载、反压回填等施工措施后，监测数据变化速率较小，基本处于稳定状态。

图 18　桂花坪站基坑南端土方超挖，支撑未架设

图 19 报警后采取补架支撑、反压回填土

（2）经验教训。

在该基坑土建施工阶段，第三方监测以合理的监测方案、可靠的监测数据，及时准确地反映了基坑支护结构的失稳和突变情况，为避免事故发生起到了关键作用。在此案中，第三方深层水平位移监测比其它监测手段更准确反映了基坑支护结构的位移变化，而如冠梁水平位移、施工方监测等均未能及时预报。这是典型的通过第三方监测发现的险情，显示了第三方监测的公正性和独立性，由于发现及时，处理及时，避免了工程安全事故的发生，有效指导了施工。作为第三方监测单位，在基坑开挖速度较快且支撑未及时架设、严重超挖、周边堆载的地段一定要加强监测。

7　项目所取得的成果

7.1　取得的成绩

该项目采用的技术手段先进，其自动化程度高，可靠性、时效性强，大幅度提高了监测精度，极大地提高了监测工作的效率，取得了显著的经济效益和社会效益，各项技术、经济指标均达到国内同行业先进水平，2018 年获中国有色金属工业优秀工程一等奖。

参与项目的技术人员，公开发表了多篇科技论文，大大提升了我公司的社会影响，同时培养出了多名工程师与高级工程师。

在该项目的实施过程中，有针对性地开展了“提高长沙地铁土建施工第三方监测质量”QC 小组活动，该成果被评为 2012 年度中国有色金属工业工程勘察优秀 QC 成果二等奖。

该项目实施过程中，严格管理，监测质量满足施工、设计及规范要求；项目部在工作繁忙的情况下，积极组织参与抢险，确保了工程的顺利完成，得到了业主单位的高度评

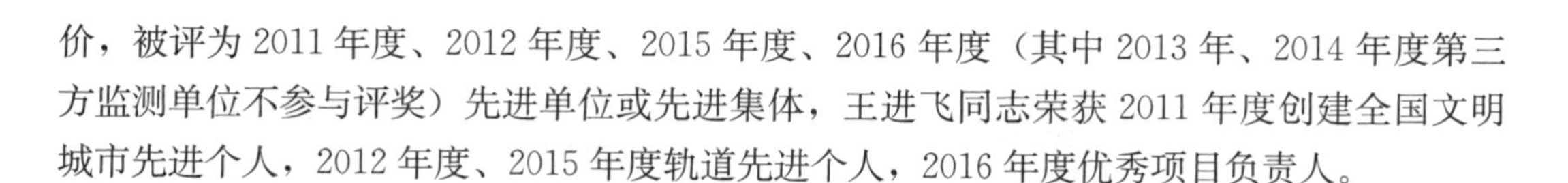

价，被评为2011年度、2012年度、2015年度、2016年度（其中2013年、2014年度第三方监测单位不参与评奖）先进单位或先进集体，王进飞同志荣获2011年度创建全国文明城市先进个人，2012年度、2015年度轨道先进个人，2016年度优秀项目负责人。

7.2 项目预警及信息反馈的效果

本项目从2011年7月开始至2016年6月止，共发出87次书面预警报告（首次预警），预警的监测点位共有396点，预警较多的工点有：涂家冲站、涂—铁区间、铁道学院站、铁—友区间、友谊路站、省政府站、桂花坪站，由于监测成果准确、信息反馈及时、应急响应快、抢险措施得当，避免了多次安全事故的发生，突显了第三方监测的作用和效果。

7.3 项目的参考价值

（1）该项目综合国家或地方（行业）现行有关规范、规程要求及有关文献资料，确定了第三方监测的精度等级、频率周期及监测数据的安全判别标准，为后续类似工程提供了参考依据。

（2）第三方监测的频率较高，每个项目不可能花费过多的时间进行量测，监测手段要求简单、易行，适应现场快速变化、干扰大的施工状况。该项目在第三方监测的技术方法上，作了新的研究与探讨，为后续类似工程提供了参考。

（3）该项目采用先进的仪器设备及现代通讯技术，在重要工点实现了监测设备与系统主机之间的双向通讯，实现了监测数据的自动化采集、处理与集成管理。为后续工程提供了技术模式，提高了专业技术水平与能力。

8 问题反思

8.1 数据分析

虽然对监测基准点进行了检测，但未对其稳定性进行定期分析；各个监测项目之间的比较分析及各专业人员参与监测结果的综合分析存在不足；分析报告的水平有待提高。

8.2 相关记录

现场巡查记录、观测记录有关内容不全，如：不能确定沉降观测照准标尺的顺序；工况记录不清、不完整，不利于数据分析；实地场景与过程照片质量欠佳，内容不全等。与同行相比还有较大差距，今后应予以重视。

8.3 监测点标志

现场检查发现，有个别工点部分沉降监测点标志太细或露出墙体太长，给人标志欠稳固的感觉。

8.4 方案与报告编写

方案中缺基准点稳定性的分析方法；个别工点缺少有针对性的监测措施；对原有资料的收集、分析存在不足。报告中缺少方案执行情况的说明；缺少对技术问题的处理情况及技术依据的变更情况说明；缺少对重大预警事件的分析与经验总结。

8.5 合同管理

该项目合同管理做得还是比较好，但还有待加强，特别是对变更与签证工作要予以高度重视，因这项工作直接关系到后期的结算。

8.6 处理各方关系

该项目涉及的单位较多，有业主、安监站、质检站、多个监理单位、多个施工单位、多个设计单位及工程沿线的许多物业业主单位，加强沟通，处理好各方关系是保证项目顺利进行的关键。该项目在各方关系的处理上还有不尽如意的地方，今后应高度重视此项工作。

8.7 有待进一步探讨的工作

（1）新技术、新设备的推广应用有待进一步加强，所开发系统的功能有待作进一步探讨与改进。

（2）各种模型对基坑周边建（构）筑物及基坑本身的变形模拟的适用性问题及监测数据异常值属性的识别方法等有待作进一步探讨。

（3）地铁工程监测工作是一个复杂的系统工程，涉及测绘学、工程地质学、水文地质学、工程结构学、工程力学等众多学科的信息资源，要深入研究变形区域时空信息的相互关系及变形模型的理论和方法，研究并解释这些相关信息的相互作用规律。

9 结语

通过本项目的总结，希望能起到抛砖引玉的作用，以利持续改进，不断提高公司的技术能力与技术水平。文中的不足与不妥之处，敬请各位同行多提宝贵意见。

参考文献

［1］长沙市轨道交通 1 号线一期工程土建施工第三方监测项目（第二标段）总结报告［R］.

联系方式

曹凌云，1963 年生，研究员级高级工程师，主要从事测绘、岩土工程监测技术管理与研究工作。

电话：13974919931；地址：湖南省长沙市雨花区振华路 579 号康庭园 1 栋。

邮箱：565318271@qq. com。

王进飞，1983 年生，高级工程师，主要从事测绘、岩土工程监测技术管理与研究工作。

电话：18229726186；地址：湖南省长沙市雨花区振华路 579 号康庭园 1 栋。

邮箱：450052953@qq. com。